犬を殺すのは誰か

ペット流通の闇

AERA記者 太田匡彦 著

朝日新聞出版

はじめに

11万5797匹。

2008年度、全国の自治体に引き取られた犬の数です。うち8万4045匹が殺処分されました。

ペットフード協会の推計では全国の世帯で飼われている犬の数は約1232万匹（09年度）ですから、単純計算では100匹に1匹が自治体に持ち込まれていることになるわけです。しかし一般の飼い主たちが捨てているだけで、これほど大きな数字になるものでしょうか。

どこかに構造的な問題があるのではないか？　そんな疑問を抱き、08年夏、犬の殺処分を巡る問題の取材を始めました。

どんな取材でも、まずは過去の報道事例に当たってみるのは常套《じょうとう》手段の一つですが、こと犬の殺処分を巡る構造問題についてはそれができませんでした。というのも、報道された事例が極めて少なく、またあったとしても情報源が不確かな「伝聞推定記事」のようなものがほとんどだったからです。そこで、まず手がけたのは、どんな犬がどのような理由で捨てられているのかを把握することでした。そのために全国の主要な自治体（17政令指定都市、12都府県）に「犬の引取申請書」の情報公開請求を行い、並行して各地の動物愛護センターを取材することから始めました。捨て犬の保護活動などをしている動物愛護団体の方々からもたくさんの情報をいただきました。明らかになってきたのが、犬の流通システムに潜む深い闇でした。

犬の流通・小売業者への取材は当初、難航を極めました。ペット小売業者らが作る業界団体は業界誌の代表を兼ねる事務局長以外は取材に応じてくれず、ペットショップチェーン最大手の広報担当者は「取材を受けられない。断る理由もいえない」という。ペットオークション業者の団体も「内規で取材は受けないことになっている」の一点張り。それでも、業界のなかからの浄化を志すペットショップチェーン経営者や過去の所業を悔いる元ペットショップ従業員らに出会い、次第に犬の流通システムの全貌《ぜんぼう》が見えてきました。その成果をアエラ誌上で「犬ビジネスの『闇』」としてまとめたのが、08年12月8日号のことでした。

一方で各地の動物愛護センターを取材し、また情報公開請求のために自治体の担当者とやり取りをしている中で、動物愛護行政にも課題が多いことに気づきました。まず多くの動物愛護センターが隠蔽《いんぺい》体質を持っており、なかなか情報を表に出そうとしません。また自治体によっては、現場の意識が低かったりピントがずれていたりするのです。例えば情報公開請求をした時、関東地方のある政令指定都市は「犬の名前」欄を丁寧に墨塗りしてきました。担当者に理由を尋ねると「犬の名前は個人情報」だというのです。また近畿地方の中核市の担当者に取材で「飼い主に捨てられた犬の数」を尋ねたところ、「ゼロです。うちには捨てられた犬なんていません。すべて飼い主さんが引き取りを求めてきた犬ですよ」と答えられました。

犬の流通・小売業者と各自治体は、「蛇口」と「受け皿」のような関係にあると私は考えています。蛇口を閉めれば捨て犬は減り、受け皿が「愛護」の額面通り機能すれば殺される犬も減るはずです。そんな思いで、これまでにアエラ誌上で「隔週木曜日は『捨て犬の日』」（09年4月13日号）、「犬を殺さないドイツの常識」（同9月7日号）、『民主党政権は犬に優しい」（同10月26日号）、「犬オークションの現場」（10年5月31日号）、「犬に優しい自治体はどこか」（同6月21日号）と計6本の記事にまとめてきました。

本書では、これまでの記事の構成を大きく変え、さらには取材をしたものの記事には盛り込めなかった内容を大幅に書き加えました。第1章では犬の流通システムの闇を暴き、構造的な問題を浮き彫りにしています。第2章では殺処分を巡る問題のカギとなる「8週齢問題」に踏み込んでいます。第3章、第4章では自治体や民間による動物愛護のあり方について言及しました。第5章では11年度に行われる予定の動物愛護法改正の行方についてまとめています。なお登場する人の年齢、肩書、職業などは原則として取材当時のものです。

丸2年にわたって取材をしてきたわけですが、この間、犬の流通・小売業者も自治体も、少しずつ変わってきていることを実感しています。かつて取材を断られた小売業者やオークション業者が取材に応じてくれるようになったり、アエラでの報道後に一部の自治体が定時定点収集を廃止したり。また熊本市では、限りなく「殺処分ゼロ」に近づいてもいます。ただそれでも、年間8万匹以上の犬が殺処分されている現状は、やはり異常です。

不幸な犬たちが一匹でも減り、いつか「殺処分ゼロ」が現実のものとなる日が来る。その一助に本書がなれば幸いです。

犬を殺すのは誰か　ペット流通の闇

目次

はじめに　1

第1章　**命のバーゲンセール**　9

氷山の一角／「抱っこさせたら勝ち」商法／「仕事も収入もない」から捨てる
うちの犬は不幸だった／移動販売で「在庫処分」／景気後退の悪影響
オークションの仕組み／悪徳ブリーダーの温床
流通で「消える」1万4000匹

第2章　**「幼齢犬」人気が生む「欠陥商品」**　51

「8週齢」未満の販売を欧米は規制／野放しのネットオークション
サーペル教授に聞く

第3章　**隔週木曜日は「捨て犬の日」**　67

命を奪う「住民サービス」／「安楽死」導入した下関市
「犬に優しい」自治体／「殺処分ゼロ」めざす熊本市／徹底した情報公開

第4章　ドイツの常識、日本の非常識　101
98％に新たな飼い主／虐待に罰則、「犬税」も／「里親ホーム」の惨状
ショップも里親探し

第5章　動物愛護法改正に向けて　125
「8週齢規制」が焦点に／愛犬政治家たち／ベテランから1年生議員まで
超党派で法改正実現を

あとがき　144

巻末データ
主要自治体別　捨てられた犬の種類
犬にやさしい街は？　全106自治体アンケート

装幀・本文レイアウト　福島源之介・矢部あずさ
（フロッグキングスタジオ）
カバー写真　小暮　誠（表）・著　者（裏）
本文写真　小暮　誠・明田和也・今村拓馬・國森康弘・会田法行・著　者

第1章 命のバーゲンセール

関東地方のあるターミナル駅から車で15分ほど走ったところに、その施設は建っていた。２００８年10月上旬の早朝、隣接する墓地の木々は、既に赤や黄色に色づき始めていた。作業服姿の職員にうながされ、指定された白い長靴に履き替えてから、建物の中に入る。床は打ち放しのコンクリートで、厳しい底冷えがした。

五つに区切られた部屋に、それぞれ十数匹の犬たちがいた。飼い主に捨てられたり、迷子になったりした犬たちが収容され、殺処分される施設。自治体によって名称は異なるが、一般的には「動物愛護センター」「動物指導センター」などと呼ばれている。

それぞれの部屋の壁は可動式になっている。一番手前の部屋は前日に収容された犬。その一つ奥が前々日に収容された犬。一営業日ごとに壁が動き、犬たちは徐々に奥へと追いやられていく。

どの犬も愛想がいい。人影が見えると、たくさんの犬たちがしっぽを振りながら寄ってくる。お座りをしてじっと見つめてくる柴犬《しばいぬ》らしい犬がいる。そうしつけられたのか、後ろ脚ですくっと立ち上がり、ちんちんのポーズを取る垂れ耳の雑種もいる。落ち着き無く、狭い部屋のなかをぐるぐる回っているビーグルもいる。ほとんどが首輪やハーネスをしている。ほんの数日前まで、誰かに飼われていたということだ。

関東のある動物愛護センター。飼い主が迎えに来たと思うのか、犬たちが駆け寄ってくる。

左の壁が迫ってきて、犬たちは「次の部屋」へと移される。毎日、一部屋分の犬が殺される。

センターの職員はこう説明した。

「飼い主が迎えに来てくれたと思うんでしょう。喜んで寄ってくるんです」

一番奥、五番目の部屋にはこの日、13匹の犬がいた。午前8時半ごろ、この部屋の左側の壁が動き始める。迫ってくる壁に、犬たちはガタガタ震え、キャンキャンと悲鳴のような鳴き声が上がる。

追い込まれた先に、もう部屋はない。鈍く銀色に光る箱。蓋《ふた》が閉まり、数分間、高濃度の二酸化炭素ガスが注入される。

「この瞬間が一番嫌でね。動物の命を救いたくて獣医師になったのに。悩む職員も多いですよ」

センターの職員はそうつぶやきながら、目を伏せた。

約30分後、蓋が開く。自動的に箱が傾くと、窒息死した13匹の犬が滑り落ちて来る。そしてゴトリ、ゴトリという音をたて、焼却炉に放り込まれていった。

犬たちが最後の数日間を過ごしていた区画に戻ってみると、空っぽの部屋が一つできていた。食べ残してあったエサや糞尿《ふんにょう》は既に洗い流され、13匹の犬たちがそこで生きていた痕跡はもうなくなっていた。この部屋も翌日には、次の犬たちで満たされるという。

建物を出ると、青空が広がっていた。職員が最後に案内してくれたのは、施設の片隅に立つ慰霊碑。毎日、職員が清掃し、新しい花を手向けている。元の飼い主が持ってきたという缶入りのペットフードが供えてあった。

氷山の一角

こうした「作業」が毎日、全国で繰り返されている。環境省によると2008年度、全国の地方自治体に引き取られた犬は11万5797匹（負傷犬を含む）。うち8万4045匹が、新たな飼い主などが見つからず、殺処分された。なぜこれほど多くの犬たちが捨てられ、殺されなければいけないのか。

アエラ編集部では08年秋、実態をつかむため、飼い主が行政機関に犬を捨てる際に提出する「犬の引取申請書」（15ページの写真）の情報公開請求を主な自治体（関東・中部・近畿の12都府県、17政令指定都市）に行った（結果は17、23～24ページの表）。「犬の引取申請書」の提出は、飼い主による犬の所有権放棄を意味する。この紙一枚で、犬は命を奪われることになる。そこには飼い主の住所や名前、捨てる理由などとともに、捨てられた犬の名前、犬種、性別、年齢が記入されている。犬たちが確かに生きていた、最後の証ともいえるものだ。そこから浮かび上がったのは、流通システムにひそむ「闇」の深さだった。

まず明らかになったのは、ペットショップやブリーダーによって犬が捨てられているという現実だ。動物保護団体「地球生物会議」の野上ふさ子代表らの協力で分析したところ、ペットショップやブリーダーなど流通・小売業者によると思われる捨て犬が、少なくとも1105匹に上ったのだ。いくつか、事例をあげてみたい。

悪質な事例が目立ったのが兵庫県。例えば07年11月、ポメラニアン4匹、ダックスフント3匹、チワワ3匹、ヨークシャーテリア2匹、シーズー2匹……純血種ばかり14種27匹が一緒に捨てられた。ペットショップの在庫処分か、ブリーダーによる数減らしのようだ。

08年1月には、ミニチュアピンシャーの雄4匹、雌6匹が同時に捨てられている。捨てる理由を記入する欄には「数をへらす」とあった。同年2月にはチワワ3匹、ミニチュアピンシャー2匹、ダックスフント1匹、ヨークシャーテリア1匹、ポメラニアン1匹、シーズー1匹、ペキニーズ1匹の計10匹がまとめて捨てられている。年齢は1歳から9歳までまちまち。理由は「病気の為」と記されているが、純血種ばかりまとまった数を遺棄していることから、これも業者によるものと考えられる。

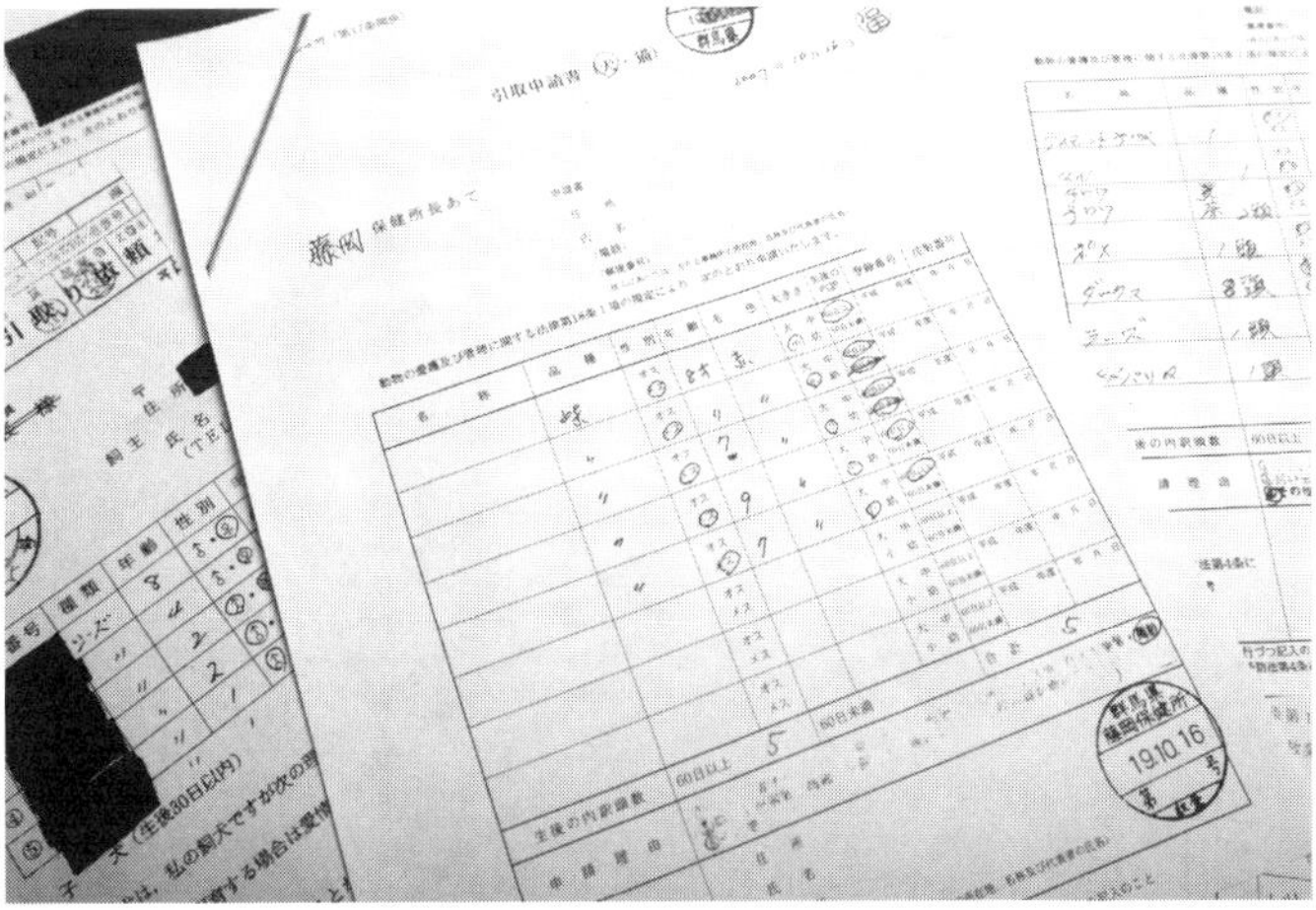

主な地方自治体に情報公開請求し、入手した「犬の引取申請書」。業者によると考えられる申請事例が多数見つかった。

北九州市も業者による遺棄と見られる事例が目立った。07年8月、マルチーズの成犬11匹がまとめて捨てられている。いずれも畜犬登録がされておらず、これは業者による遺棄の典型だという。同じ月には1歳のラブラドルレトリーバー3匹が一緒に捨てられている。同じく蓄犬登録がされていない。こちらは、ペットショップの売れ残りと見られる。

流通・小売業者の遺棄は枚挙にいとまがない。「犬の引取申請書」をめくりながら、暗《あん》澹《たん》たる思いになる。さらに羅列してみる。

07年4月、川崎市。11カ月と10カ月のポメラニアン計2匹が一緒に捨てられていた。これも、ペットショップの売れ残りが遺棄されたようだ。

07年10月、群馬県。7〜9歳の柴犬の雌ばかり5匹が一度に捨てられた。犬は8歳前後で繁殖能力が衰えるため、ブリーダーが「用済み」として持ち込んだと見られる。

07年12月、静岡市。生後42日の柴犬の子犬4匹が一緒に捨てられた。静岡県は柴犬のブリーダーが多いことで有名だ。

08年2月、群馬県。生後3カ月と4カ月のイタリアングレーハウンド計2匹と生後4カ月のダルメシアン2匹が「先天病」というメモ書きが加えられ、捨てられた。ペットショップによる在庫処分だろう。

こんなに犬が捨てられている（主要29自治体計）

雑種（犬種不明を含む）	7885匹
柴犬	701
ミニチュアダックスフント（ダックスフントを含む）	481
シーズー	380
ラブラドルレトリーバー	203
ゴールデンレトリーバー	179
ビーグル	170
マルチーズ	152
土佐犬	145
チワワ	142
ヨークシャーテリア	135
コーギー	130
秋田犬	121
プードル（トイプードルを含む）	109
ポメラニアン	99
パピヨン	74
シベリアンハスキー	67
紀州犬	63
シェルティ	59
イングリッシュセッター	57
シュナウザー	53
シェパード	52
パグ	52
アメリカンコッカースパニエル	37
キャバリア	36
甲斐犬	35
ポインター	34
ミニチュアピンシャー	31
ウエストハイランドホワイトテリア	27
ハウンド	27
グレートピレニーズ	26
ドーベルマン	25
バーニーズマウンテンドッグ	22
ボーダーコリー	21
イングリッシュコッカースパニエル	20
ジャックラッセルテリア	20
ダルメシアン	19
グレートデン	18
北海道犬	17
四国犬	15
狆	15
イングリッシュスプリンガースパニエル	13
フレンチブルドッグ	13
ペキニーズ	11
アメリカンピットブルテリア	10
スピッツ	10
セントバーナード	10
ブルドッグ	10
ボクサー	8
イタリアングレーハウンド	7
コリー	7
珍島犬	6
ブリタニー	6
エアデールテリア	5
チャウチャウ	5
バセットハウンド	5
ロットワイラー	5
ワイヤーフォックステリア	5
アラスカンマラミュート	4
ダンディディンモントテリア	4
ウィペット	3
サモエド	3
ベドリントンテリア	3
ボストンテリア	3
ボルゾイ	3
アイリッシュセッター	2
オールドイングリッシュシープドッグ	2
ケアーンテリア	2
コイケルホンド	2
シーリハムテリア	2
トイマンチェスターテリア	2
ニューファンドランド	2
バセンジー	2
ラサアプソ	2
アメリカンスタッフォードシャーテリア	1
スコティッシュテリア	1
チベタンテリア	1
ビションフリーゼ	1
プーリー	1
ベルジアンタービュレン	1
ベルジアンマリノア	1

（調査方法、自治体別内訳は巻末データⅱページ参照）

野上代表は指摘する。

「同じ犬種を数頭まとめて捨てるなど、明らかに業者が持ち込んだとわかる事例が多数ありました。複数回に分けて持ち込めば判断は難しいので、今回把握できたのは氷山の一角でしょう」

「抱っこさせたら勝ち」商法

いったいペットショップの裏側では何が起きているのか。いずれも大手ペットショップチェーンで働いた経験を持つ、2人の男性から、証言を聞くことができた。

いま都内のIT企業で働いている男性（29）は2006年8月から数カ月間、全国に約60店舗を展開する大手ペットショップチェーンでアルバイトをしていた。そこで、悲惨な現実を目の当たりにしたという。

男性が働いていたのは関東地方のロードサイド店。30歳代前半の店長と4人のアルバイトで随時約50匹の子犬を管理、販売していた。

明るい照明でこぎれいに見える店頭の裏側。そこに子犬が13匹、段ボールに入れられていた。皮膚病にかかっていたり、店員が誤って骨折させてしまったりして「商品」にならないと見なされた子犬だった。

「もう持っていって」

8月下旬のある朝、店長がベテランのアルバイト女性にそう声をかけるのを耳にした。そして昼頃、ふと気付くと段ボールごと子犬がいなくなっていた。男性がそのアルバイト女性に尋ねると、こんな答えが返ってきたという。

「保健所に持っていった。売れない犬を置いておいても仕方ないし、その分、スペースを空けて新しい犬を入れた方がいい」

この後も男性は、生後8カ月のダルメシアンと奇形が見つかった生後4カ月のミックス犬（雑種犬）が保健所に連れて行かれるのを目撃したという。

専門学校の研修で数年前、別の大手ペットショップチェーンで働いた男性（26）は、犬ビジネスに失望することになった。

男性が研修生として働いたのは、都内の雑居ビル1階に入居している大型店舗だった。店員は5、6人。常に20、30匹の子犬が販売されているほか、ペットフードなどのペット用品もよく売れる店舗だったという。

研修が始まって3、4日目のことだった。開店前の店の片隅で店長が、生後約6カ月のビーグルの子犬を、生きたままポリ袋に入れているのを目撃した。そして男性にこう指示したという。

「このコはもう売れないから、そこの冷蔵庫に入れておいて。死んだら、明日のゴミと一緒に出すから」

店長が指さす先に、普段はペットフードなどが入っている大型冷蔵庫があった。男性が難色を示すと、店長は淡々と説明しだした。

「(生後)半年も経ったらもうアウトだ。えさ代はかかるし、新しい子犬を入れられるはずのスペースがもったいない。ペットショップというのは、絶えず新しい子犬がいるから活気があって、お客さんが来てくれる。これができないなら、ペットショップなんてできない。仕事だと思って、やるんだ」

ショックを受けた男性は、専門学校に相談して、研修を中止にしてもらった。その後、男性は、このペットショップチェーンが就職先のブラックリストに載っていることを知った。いまも、このチェーンは関東地方を中心に数十店舗を展開している。男性はいう。

「理想と現実があまりに違いました。約100人の同期がいますが、実際にペットショップで働いているのは10人くらいです」

犬ビジネスに携わる業者の間には、こんな「格言」が存在する。

「抱っこさせたら勝ち」

子犬のぬくもりをじかに感じさせ、その魅力で消費者の判断力を奪い、売ってしまおうという販売手法だ。そのため日本では、ペットオークションからペットショップが仕入れる際の子犬の平均日齢は生後41・6日（06年度、環境省調べ）。流通・小売業者の側の事情を、大手ペットショップチェーン幹部はこう明かす。

「犬がぬいぐるみのようにかわいいのは生後45日くらいまで。それを超え、8週齢にもなってしまうとかわいくなくなり、競合他社に勝てなくなります」

だがそんな勝手な言い分が、不幸な犬を生む。17ページの表を見ると、純血種がいかに多く捨てられているかがわかる。純血種を道で拾ったり、近所からもらったりする事例は限られるから、ほとんどがペットショップで購入された犬たちだと考えられる。NPO法人「動物愛護社会化推進協会」が10年3月に行った調査では、全国で犬を飼っている人のうち66・5％が、ペットショップやブリーダーなど流通・小売業者から購入していたというデータもある。

「仕事も収入もない」から捨てる

このことを念頭に置いた上で、ではなぜ、せっかく購入された犬たちが捨てられなければいけなかったのか、飼い主たちの言い分を見てみよう。

アエラ編集部で情報公開請求した「犬の引取申請書」には、先述したように捨てる理由が書かれている。例えば２００７年、横浜市であった事例をいくつか挙げてみる。

5月に捨てられた13歳のオスのプードル。捨てる理由を書く欄にはこうあった。

「仕事がなく収入もない」

またオスのゴールデンレトリーバーは、

「老犬で尿を排出しっぱなしのため」

という理由で8月に捨てられた。12歳だった。

「前からいる犬との相性がとても悪く、無駄ぼえがあるため」

犬を捨てる身勝手な理由（主要27自治体計）

	合計（匹）	飼い主が病気・死亡＊1	転居＊2	金銭的な問題＊3	鳴き声がうるさい＊4	人を噛む＊5	犬の病気・けが・高齢	その他飼育不能＊6
雑種（犬種不明を含む）	7744	732	597	35	602	509	515	4754
柴犬	687	108	66	15	58	118	127	195
ミニチュアダックスフント（ダックスフントを含む）	466	85	67	2	34	38	112	128
シーズー	373	82	66	12	15	5	88	105
ラブラドルレトリーバー	196	33	38	4	15	5	50	51
ゴールデンレトリーバー	178	33	24	4	6	9	58	44
ビーグル	168	23	27	1	12	16	32	57
土佐犬	145	14	8	4	16	12	27	64
マルチーズ	144	37	9		6	4	37	51
チワワ	139	21	26		3	11	46	32
ヨークシャーテリア	130	21	21	1	11	2	28	46
コーギー	127	16	15		16	27	24	29
秋田犬	118	10	5	2	5	17	27	52
プードル（トイプードルを含む）	102	27	23	2	10	3	27	10
ポメラニアン	95	29	15	1	13	4	21	12
パピヨン	72	11	12	1	12	9	13	14
シベリアンハスキー	66	9	14	3	8	2	22	8
紀州犬	62	8	9	3	8	11	15	8
イングリッシュセッター	56	6	12	1	7	1	15	14
シェルティ	55	12	20	2	4	3	11	3
シェパード	52	6	16		3	3	5	19
シュナウザー	52	11	11	1	6	3	12	8
パグ	50	13	9	1		5	13	9
アメリカンコッカースパニエル	37	8	14	1	1	2	9	2
甲斐犬	35	4	5	4	7	4	4	7
キャバリア	33	4	10			2	9	8
ポインター	33	4	5	6	7	1	4	6
ミニチュアピンシャー	30	9	7	1	1	1	9	2
ウエストハイランドホワイトテリア	26	5	3	1	1		2	14
グレートピレニーズ	26	4	3		5		9	5
ハウンド	25	1	5	7	3	1	2	6
ドーベルマン	24	2	5		4	6	2	5
バーニーズマウンテンドッグ	22		2		4	2	12	2
ボーダーコリー	21	1	1	1	1	2	3	6
イングリッシュコッカースパニエル	20	4	4			3	6	3
ジャックラッセルテリア	20	1			5	3	11	
ダルメシアン	10	1	1		1	4	1	8
グレートデン	17	5				5	6	1
北海道犬	17	3	3		4	3	3	1
四国犬	15	7			2	3	2	1
狆	15		3				1	11
イングリッシュスプリンガースパニエル	13	1			3	6	3	

＊1：生まれた子どもが犬アレルギーだった等のケースを含む／＊2：転勤等を含む／＊3：失業、自己破産、生活保護申請等を含む／＊4：近所からの苦情を含む／＊5：近所からの苦情を含む。ほかの犬を噛んだ等を含む／＊6：飽きた、子犬が生まれた、処置に困る、離婚した等のほか未記入を含む

調査方法は巻末データⅱページ参照。ただし、川崎市は書類に理由を記入する欄がなかったため、福岡市は個別の犬種が非開示だったため、両市の数値はこの集計には反映されていない

	合計（匹）	飼い主が病気・死亡＊1	転居＊2	金銭的な問題＊3	鳴き声がうるさい＊4	人を噛む＊5	犬の病気・けが・高齢	その他飼育不能＊6
フレンチブルドッグ	13		6		1	1	5	
アメリカンピットブルテリア	10	1			2	3	2	2
スピッツ	10		5			1	3	1
セントバーナード	10		3			2	2	3
ペキニーズ	10	1	4		2		1	2
ブルドッグ	9		1			4	2	2
ボクサー	8	1			2		2	3
コリー	7			1	4		2	
イタリアングレーハウンド	6					2		4
珍島犬	6			1	2	2		1
ブリタニー	6	1			2	1	2	
エアデールテリア	5				1	1	3	
チャウチャウ	5		1			2	1	1
バセットハウンド	5	1	1				1	2
ロットワイラー	5	2			2	1		
ワイヤーフォックステリア	5		1			1	2	1
アラスカンマラミュート	4		1			1		2
ダンディディンモントテリア	4				1	1		2
ウィペット	3	1			2			
サモエド	3		1	1				1
ベドリントンテリア	3						3	
ボストンテリア	3				2			1
ボルゾイ	3				1			2
アイリッシュセッター	2	2						
オールドイングリッシュシープドッグ	2			1	1			
ケアーンテリア	2				1	1		
コイケルホンド	2				1	1		
シーリハムテリア	2				2			
トイマンチェスターテリア	2					1		1
ニューファンドランド	2					1	1	
バセンジー	2				2			
ラサアプソ	2					1	1	
アメリカンスタッフォードシャーテリア	1					1		
スコティッシュテリア	1				1			
チベタンテリア	1				1			
ビションフリーゼ	1				1			
プーリー	1				1			
ベルジアンタービュレン	1		1					
ベルジアンマリノア	1				1			
合計	11893	1424	1209	120	958	894	1456	5832

として、10月に捨てられたジャックラッセルテリアはまだ6カ月だった。

23～24ページの表は、そうした「捨てる理由」を犬種ごとに集計したものだ。

例えば柴犬。捨てられた理由に、「犬の病気・けが・高齢」というのが目立つ。犬が病気やけがをすれば当然、動物病院に連れて行かなければいけない。治療費は人間以上にかさむことがある。また日本犬は、年を取ると痴呆《ちほう》になる可能性が相対的に高く、介護が必要になるケースも出てくる。そうした出費や手間ひまが惜しくて、捨ててしまうのだ。

ミニチュアダックスフントやシュナウザーなどでは「鳴き声がうるさい」という理由が目立つ。こうした犬種はそもそも警戒心が強く、無駄ぼえが多いのが特徴といわれる。飼い始める段階で知っておくべきだし、飼い主が適切にしつけていれば避けられた問題だ。

そして共通して目立つのが、飼い主の病気や転居を理由に捨てている実態だ。生まれた子どもが犬アレルギーだったり、転勤のために犬が飼えないマンションに引っ越すことになったり……。誰の身の上に起きてもおかしくないことだが、こうした可能性は、飼い始める段階で検討しておくべきだろう。

うちの犬は不幸だった

安易な理由で犬を捨てる飼い主の問題については後述するとして、ここでは安易な飼い主を生み出したペットショップやブリーダー側の問題についてまず言及しておきたい。そもそも、販売したペットショップが飼い方や飼う上での注意点などをしっかりと事前に説明していれば、この犬たちの何匹かは、捨てられ、殺される運命をたどらなくてよかったかもしれないからだ。

「犬の飼い主検定」などを運営するＮＰＯ法人動物愛護社会化推進協会の西澤亮治事務局長は、こう指摘する。

「一部のペットショップで衝動買いを促すような手法で売っているところがあり、それにつられて安易に買ってしまう消費者が後を絶たないことが背景にあります。入り口であるペットショップを改善しないと、殺処分はなかなか減らないのが実態です」

例えば、東京や大阪など大都市の繁華街で深夜まで営業しているペットショップチェーンでは、「目が合ったら抱っこして相性を確かめてみませんか？」などと来店者に呼びかけ、子犬を手に取らせる。

「抱っこさせたら勝ち」

の典型だ。

さらに店内には「18歳から保証人無しでローンＯＫ」などと掲示して、衝動買いを促そうとする。そもそも深夜の繁華街にいる人たちが、犬を飼う目的でその時間、その場所に来ているはずがない。

「酔って判断力が落ちたところで買わせてしまうという狙いは明らかです。周辺の飲食店で働く女性たちへのプレゼントという需要も考えられます」（大手ペットショップチェーン幹部）

こうした販売手法が業者による大量生産を支え、無責任な飼い主を生み出す構図を作りだしている。もう1人、ある元ペットショップ経営者の証言を紹介しておこう。

埼玉県内で２００３年からペットショップを経営していた男性（41）は07年12月、店を閉めた。途中から始めたブリーダーとしての事業も行き詰まり、最後は１００匹ほどの犬を抱えたまま破綻《はたん》した。

ペットショップを始める前は、熱帯魚を売っていた。熱帯魚ブームが去り、たまたま自分が犬好きだったのに加え、犬のほうが利益が上がると考え、乗り換えた。

犬の販売を始めてしばらくすると、利幅を厚くするために自らブリーディングも行うようになった。最初は母体の健康を思い、年に1回しか繁殖させなかった。だが次第に、発情期（生理）が来るたびに交配させるようになった。同じころ、犬の価格が下がり始めた。競合他社が増えたのと、小型犬ブームが去ったためだった。小売価格は5分の1程度になってしまった。生活のためには数を売らなければと、必死になった。男性は、こう振り返る。

「いつのまにか感覚が麻痺《まひ》してしまうんです。たくさんいた方がもうけは大きくなるのですが、その分だけ目が行き届かなくなり、管理はずさんになる。すると犬が商品にしか見えなくなり、お客さんの求めに応じて生後40日の子犬だって売ってしまう。売る前に丁寧に説明していたら、お客さんは逃げてしまうから、もうどんどんと売ってしまう。私のもとにいる犬は不幸だった。いまはやめて良かったと思います」

こうした現状に、ペット小売業者らで作る「全国ペット協会（ZPK）」副会長で、自身もペットショップチェーンを経営する太田勝典氏はこう認める。

「一部ペットショップにおける販売する際の説明の不十分さが、飼育放棄につながっているところがある。いいことしかいわないから、買った後にミスマッチが起きるのです」

太田さんの店舗では販売にあたって、1時間以上かけて18項目にわたる説明をしている。それぞれの犬種の特性やしつけの大切さ、生活環境が変化するリスク、健康管理の方法を飼い主に説く。なかには説明の途中で、

「そんなに大変ならやめておきます」

と飼うのを断念する客もいるという。それでも、売った子犬たちの幸せを考え、太田さんは妥協しない。

そもそも動物愛護法は、第8条でこう定めている。

「動物の販売を業として行う者は、当該販売に係る動物の購入者に対し、当該動物の適正な飼養又は保管の方法について、必要な説明を行い、理解させるように努めなければならない」

つまりペットショップは法律上、衝動買いを促すような場であってはならない。それなのに、衝動買いをさせたい一部の販売現場では、動物愛護法を軽視する傾向が強いのが現状なのだ。

移動販売で「在庫処分」

衝動買いの原因になるとして、ＺＰＫなども自粛を呼びかけているのが「移動販売」と呼ばれる売り方だ。イベント会場やデパートの屋上などに短期間、犬や猫を持ち込んで販売する手法のことをいう。

２００９年2月中旬、ナゴヤドーム（名古屋市）で2日間にわたり、「わんにゃんドーム」（テレビ愛知など主催）というイベントが開催されていた。ここでも、あるＮＰＯ法人による「同時開催」として移動販売が行われていた。

ナゴヤドームのグラウンド全体を使って行われたイベント。そのレフト寄りの一角に、ひときわ来場者が集まっている場所があった。そこが、移動販売のブースだった。

すべての面が透明のケースに1、2匹ずつ子犬が入れられていた。ケースはコの字形に約10個ずつ並べられ、一つのブースを作る。そのブースを大勢の来場者が取り囲んで、子犬の様子に見入っていた。来場者が希望すれば、ケースから子犬を取り出し、抱っこさせてくれる。値札はないが、

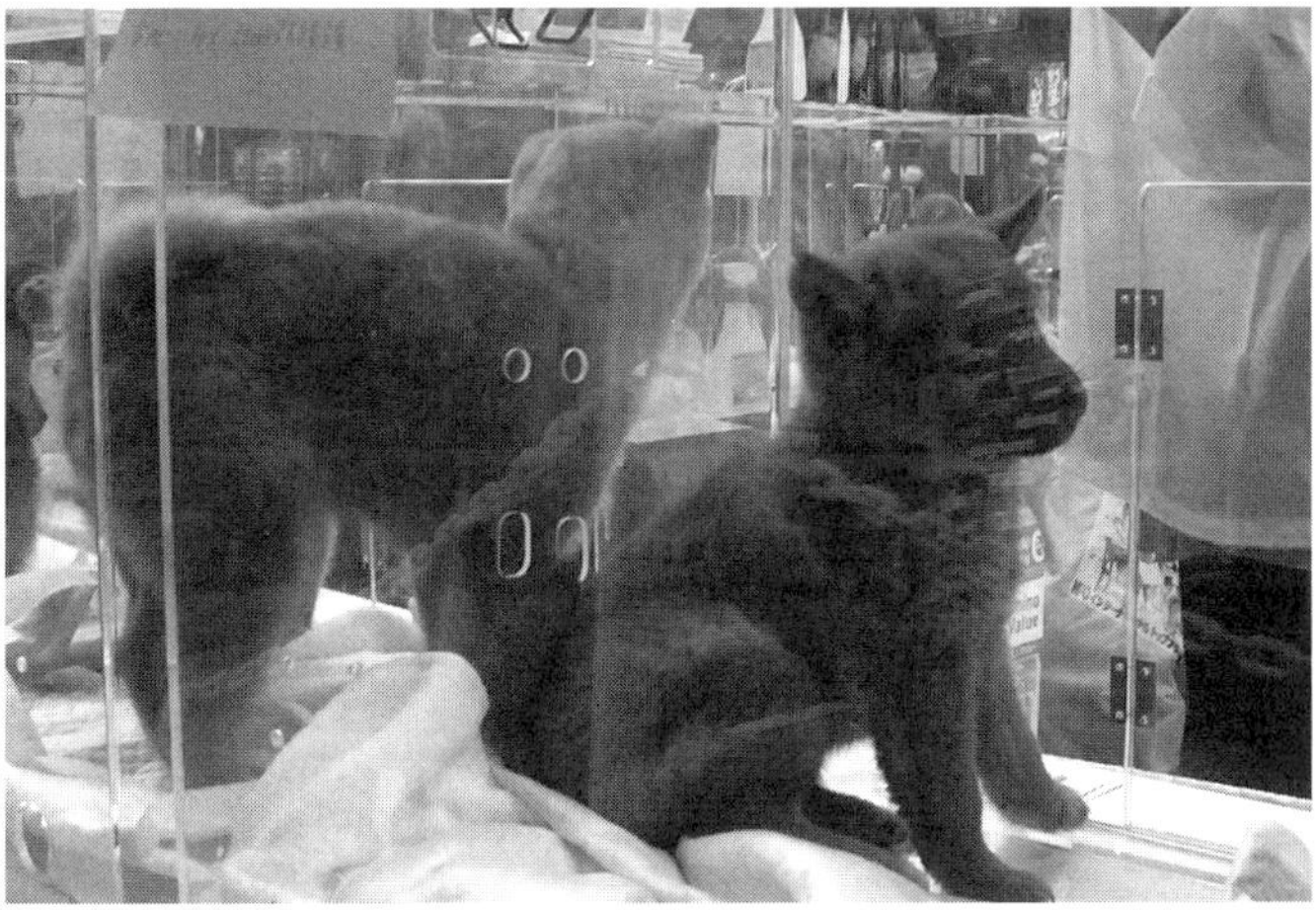

巨大な会場に連れてこられ、大勢の人の視線にさらされる子犬たち。業界関係者ですら問題視する移動販売は、なぜなくならないのか。

「御予約　受け承ります！」

という看板がかかっている。販売はしていないのか、ブースの担当者に尋ねてみた。

「予約していただければ、イベント終了後にお渡しできます」

そう、子犬の価格とともに説明してくれた。野球場のグラウンドを利用しての販売だけに、購入者に対して落ち着いて説明できるようなスペースは見渡す限り、存在しなかった。

イベントを開催したテレビ愛知は、アエラ編集部からの問い合わせに対して、書面（09年3月26日付）でこう回答した。

「弊社はイベント『わんにゃんドーム　２００９』でＮＰＯ法人（筆者注：書面では実名）に対し子犬の斡旋《あっせん》・販売を目的とした出展を許可しました。ＮＰＯ法人とは事前に話し合いを重ね、（中略）他の移動販売業者や悪質なブリーダーとは違う団体であると認識いたしました。（中略）購入希望者の生活状況などを把握し、購入後もきちんと育てることが可能と判断した上で販売していたと認識しております」

移動販売のメリットを、ある大手ペットショップチェーン経営者はこう話す。

「週末、大きな会場にたくさんの人を集めるのだから、とにかく瞬間的に大量に売れる。

ペットショップにとっては、売れにくい在庫を処分できるチャンスなのです」

ペットショップではどうしても売れ残りが出る。その売れ残りを店頭に置いたままにすれば、限られたスペースが有効に使えない。そのためには、移動販売という「在庫一掃セール」は極めて魅力的な手段なのだ。

しかし、ペットショップの店頭ならば席について1時間あまりの説明も可能だろうが、イベント会場ではそんなスペースもなく、十分な説明は困難だ。また在庫処分の意味合いも兼ねるから、価格を低めに設定することが多く、その分だけ衝動買いを促しやすい。別のペットショップチェーン経営者もいう。

「当然、衝動買い狙いです。十分な説明どころか価格勝負の投げ売り状態で、アフターフォローもしきれないのが現実ですよ」

子犬の健康管理についても問題がある。広大な会場内では子犬に適切な温度調節はしにくく、何よりもイベント会場だからかなりの騒音に包まれる。

「来場者が多く子犬が休む暇もない。会場の温度や騒音は子犬にとって大きなストレスになる。また会場までの移動そのものに子犬の体力がもたないケースもあります。移動販売は問題が多すぎる」（ZPKの太田氏）

景気後退の悪影響

こうした現実に、日本動物愛護協会や日本動物福祉協会など動物愛護団体では「ペットの移動販売ストップキャンペーン」を展開している。

それでも移動販売は全国で、定期的に行われている。

全国の主要都市で毎年開かれている「Ｐｅｔ博」。09年も5月の連休に幕張メッセ（千葉市）で開催され、大阪市内に本社があるペットショップチェーンなどが出展して、移動販売が行われた。主催したペット博実行委員会は幕張メッセでの開催前、取材に対してこう主張していた。

「十数年前から毎年やっており、一般ショップと同じ環境で販売している。開催地の自治体の許可ももらっており、問題はないと考えている。ＺＰＫはウエットなことをいっているだけだ。移動販売の業者はプロなんですよ」

またこのイベントの大阪会場で主催者として名を連ねているテレビ大阪も、

「毎年開催しており、きちんと保健所にも相談している。子犬にストレスがないよう出展者は散歩や体温管理をしている」

ただ10年度に入り、ペット博実行委員会も方針転換をしたようだ。10年度も名古屋市や大阪市での開催を実施、計画しているが、移動販売を実施する予定はないという。改めて取材をすると、

「移動販売の予定はありません。移動販売を行うと感情的に非難されるので、もうやめました。需要が減っていて、売れないというのもあるんですが。来年以降もうやらないでしょうね」（ペット博運営事務局）

大規模イベントでの移動販売は、徐々にだが姿を消しつつあるのかもしれない。しかし、ホームセンターや百貨店の屋上などを利用した小規模の移動販売は、全国各地で依然行われている。一部のペットショップチェーンにとっては、いまだに大きな収益源となっているのが現実だ。

08年のリーマン・ショック以来、世界的に景気後退が起き、日本もデフレ不況からなかなか立ち直れそうもない。その大波に対して、ペットビジネスとてひとごとではありえない。犬の小売価格はピーク時の半分ほどになっており、その分利幅も薄くなっているという。ある大手ペットショップチェーンの経営者はこう予言する。

「チワワブームのころは業界全体が良かったが、いまの経済環境では生体販売で利益を出すのはなかなか難しくなっている。そのため粗雑な販売をする業者も増えており、必ずいまよりも問題が出てくるだろう」

不幸な犬をこれ以上増やさないために、消費者が賢くなる必要がありそうだ。

オークションの仕組み

そもそも犬の流通システムの構造はどうなっているのか。37ページのチャートは、環境省が推計したデータをもとに、独自取材を加えて作製したものだ。犬が飼い主の元まで来る流通経路には、主に三つのパターンがあることがわかる。

①生産業者（ブリーダー）→競り市（ペットオークション）→小売業者（ペットショップ）→飼い主

②ブリーダー→ペットショップ→飼い主

③ブリーダー→（インターネット）→飼い主

ブリーダー、ペットショップなど犬の販売にかかわる動物取扱業者は全国で約2万

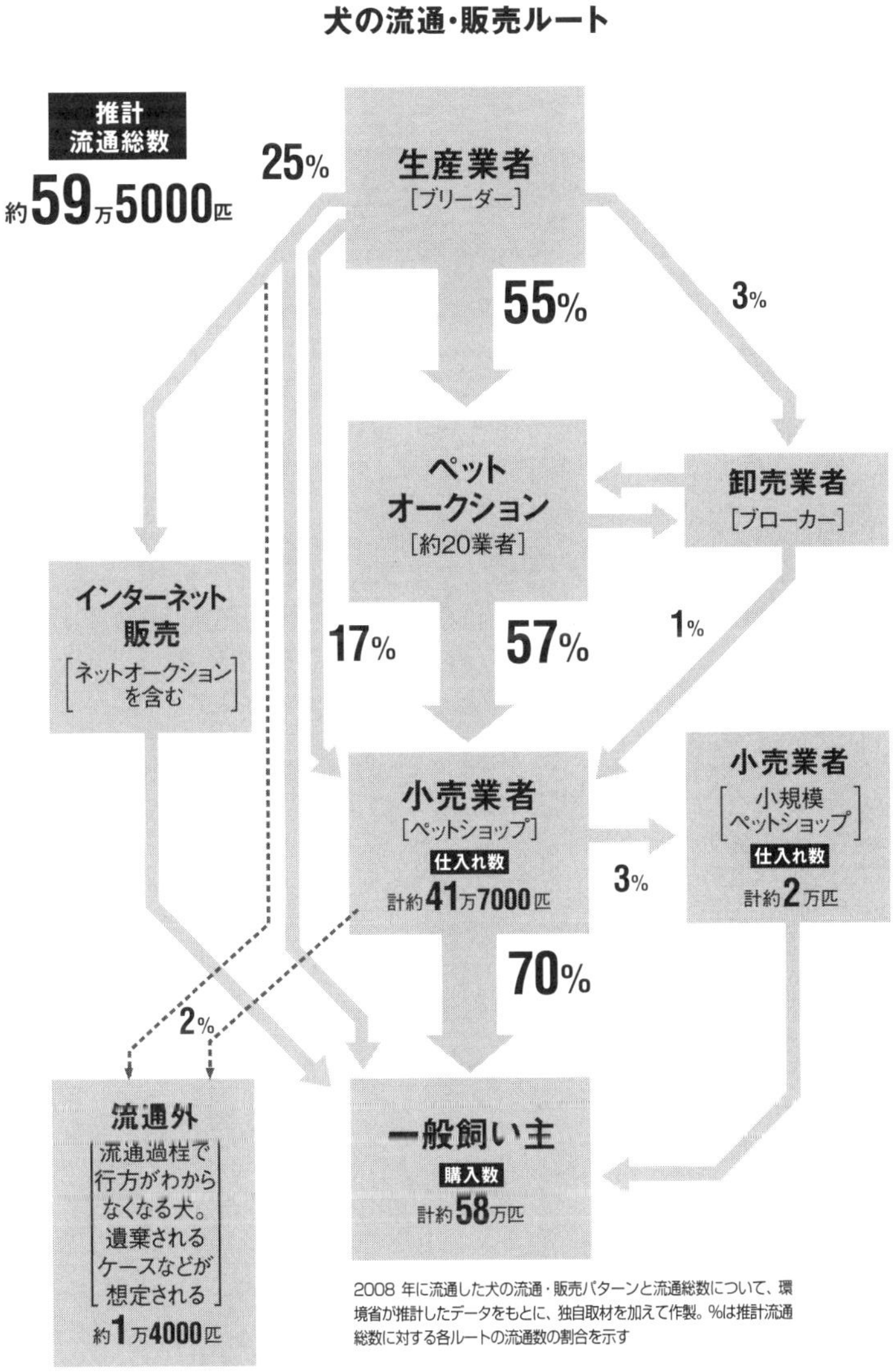

2008年に流通した犬の流通・販売パターンと流通総数について、環境省が推計したデータをもとに、独自取材を加えて作製。%は推計流通総数に対する各ルートの流通数の割合を示す

2000(2009年4月1日現在)が登録されている。しかし所管する環境省も、「犬の流通システムは昔からあり、実態はつかみ切れていない。私たちが把握できているのは、流通経路の3、4割ではないか」(環境省動物愛護管理室)

そんな流通システムの根幹を成しているのが、ペットオークションだ。関係者らを取材した。

中部地方の住宅街。その一画に少し開けた土地がある。平屋の建物が立っており、建物は砂利の敷かれた駐車場に囲まれている。

毎週月曜日の昼ごろ、ここに数十台の車が集まってくる。建物の周囲には関係者らしい男性が数人立っていて、やってくる車に目を配る。それぞれの車に積まれているのはたくさんの子犬や子猫。小さな箱やケージに入れられ、次々と建物の中に運び込まれていく。

建物の中では、東京・築地などの卸売市場を思わせる競り人の独特の口調が、大音量で響き渡っている。その合間を縫うように、子犬や子猫のか細い鳴き声が混じる。

鳴き声は建物入り口あたりから聞こえてくる。入り口近くに設けられた棚に、車から運び込まれた子犬や子猫がずらりと並べられているのだ。その子犬や子猫を「鑑定士」と称する男性らが1匹ずつチェックしていく。彼らは獣医師免許を持っているわけではない。

長年の経験を元に、子犬や子猫の目利きができるのだという。

　鑑定士のチェックが終わると、子犬は別の男性に抱えられ、中央の檻《おり》へと運ばれる。檻の周囲には長机がいくつも並べられ、約１５０人の普段着の男女が席に座っている。子犬を競り落としに来たペットショップのバイヤーと、子犬を出品しに来たブリーダーたちだ。たばこを吸っている人もいれば、お弁当をつまんでいる人もいる。

　人間たちの視線を集める子犬は、檻に敷かれた新聞紙の上でガタガタと震えている。そばに設けられたモニターに、子犬の犬種や性別、生年月日、売り出し価格などが記された出荷伝票が大写しにされ、バイヤーたちは視線を走らせる。競り人が子犬の犬種名などを読み上げると、競りが始まる。２人以上が入札し続ける限り、落札価格は１０００円ずつ上昇していく。すぐに売り出し価格の数倍、５万円、６万円という値が付き、子犬たちは次々と競り落とされていく。

　１００匹近い子犬を競り落としているのは、誰もが知っている大手ペットショップチェーンのバイヤーだ。彼らは複数人で来て、子犬を落札していく。１匹につき短いと数十秒、長くても数分で買い手が決まる。子犬にとってはこの瞬間、ともに育った兄弟犬との別離が決まる。

こうして、毎週約８００匹もの子犬が、このオークションから各地のペットショップへと流通していく。

もう一度、37ページのチャートを見てほしい。ペットショップ（小売業者）は、その仕入れ先のほとんどをオークションに依存していることがわかる。ブリーダー（生産業者）にしても、出荷の５割以上がオークション頼み。推計だが年間約35万匹の子犬が、オークションを介して市場に流通している。

また、あるオークションの経営者は、自らペットショップも経営している。オークション経営者が大手ペットショップチェーンの顧問的存在になっていたり、その逆のケースがあったりもする。つまり、多くのペットショップとオークションは一体不可分の関係にある。現在の犬の流通は、オークション無しには成り立たなくなっているのだ。

オークションは日本独特の流通形態だ。10年現在、全国で17ないし18の業者が営業している。このほかに小規模なオークションが２社あるともいわれる。筆者が調べた限りでは、北海道に１件、宮城県に１件、栃木県に１件、埼玉県に５件、神奈川県に２件、静岡県に１件、愛知県に２件、大阪府に２件、兵庫県に１件のオークションが少なくとも存在している。先に取り上げた愛知県内のオークションは典型的なスタイルとして描写したが、そのビジネスモデルはどこも似たようなものだ。衆院議員時代に複数のオークションを視察した料理研究家の藤野真紀子さんは、こんな印象を受けたと話す。

「命をモノのように認識し、モノのように扱う場。生まれてすぐの子犬があのような形で人目にさらされ、親兄弟と切り離されていくペットオークションというシステムは、一般人の感覚では受け入れがたい」

各社とも毎週1回、曜日を決めて競り市を開く。平均的な規模のオークションだと1日で300〜500匹の子犬、子猫が取引される。最も大きな業者では、その数は1日あたり約1000匹にもなる。環境省によると、取引の場を提供しているだけだから、基本的に動物取扱業の登録は必要ないとされている。

売り上げは、ブリーダー（出品者）とペットショップ（落札者）の双方から集める2万〜10万円程度の入会金、2万〜5万円程度の年会費、1匹あたりの落札金額の5〜8％に相当する仲介手数料から成り立っている。その場で現金決済を原則としているところが多い。会員業者数は平均的な規模で300〜400、大きなところでは1000もの業者が出入りしている。年間の売上高は、ひとつのオークションで数億円から十数億円の規模になると推計できる。

悪徳ブリーダーの温床

このビジネスモデルが誕生したのは20年ほど前といわれる。それ以前はペットショップとブリーダーが相対で取引をしていた。ところが次第に異業種からの参入者が増え、犬の流通量も増えたことから相対取引が限界になった。犬ビジネスの拡大が、オークションを生み出したといえる。

後述するように、現在、日本最大規模のオークションを経営している業者が「プリペット」といわれる。その幹部は、オークションの存在意義をこう説明する。

「子犬の適切な健康管理を行い、価格決定の透明性を確保するために、オークションという機能が必要になったのです」

だが同時に、オークションの存在が数々の問題を生み出している。悪徳ブリーダーの温床となり、幼い子犬（幼齢犬）が流通する舞台となり、トレーサビリティー（生産出荷履歴追跡）の障壁ともなっているのだ。ある大手ペットショップチェーン経営者はこう話す。

「オークションが存在するから素人だろうが悪徳業者だろうが、ブリーダーとして商売ができる。動物取扱業の登録さえしていれば、特別な審査も無く誰でもオークションに入会できるのです。またブリーダーとペットショップが直接交渉できない仕組みになっていて、出品生体の親の情報やその管理状況などの情報はわからないようになっています」

オークションが悪徳ブリーダーの温床となった事例が最近、立て続けに判明している。

２０１０年3月、化製場法違反（無許可飼養）と狂犬病予防法違反（予防注射の未実施など）の容疑で経営者が逮捕、書類送検された兵庫県の「ペットショップ尼崎ケンネル」（化製場法違反は起訴猶予）。この経営者は10年以上にわたり違法営業を続け、売れ残った犬を6年間で２００匹以上、尼崎市に引き取らせ、殺処分させてきた。

こんな状況でも経営が成り立っていたのは、オークションへの出品が可能だったからだ。尼崎ケンネルは大阪府内のオークションを利用し、子犬を売りさばいていた。だがなぜ、オークションは悪徳ブリーダーの取引を認めていたのか。このオークションの経営者を取材すると、こんな答えが返ってきた。

「生体管理は適切で、いい犬を作出していた。しかし法律は二の次になっていたようだ。違法営業をしていることには気づきませんでした。事件が発覚してすぐ、1年間の出荷停止処分にしています」

問題発覚後も悪徳ブリーダーがオークションを通じてビジネスを続ける。そんな事例も10年4月まで、埼玉県内のオークションを舞台に起きていた。

毎週月曜日に開催されるこのオークションは多いときには1000匹もの子犬、子猫が取引されている。そこで子犬を売っていたのが、茨城県阿見町で10年ほど前からブリーダーをしていた70代の夫婦だった。

このブリーダーの動物虐待とみられる行為が明らかになったのは09年夏のこと。2度にわたり計約20匹の犬を茨城県動物指導センターに捨てに来たことなどで、問題が発覚した。動物愛護団体のメンバーらがブリーダーを訪問すると、鉄骨2階建ての建物からは吐き気がするほどの悪臭が漂っていたという。そこには金属製の網カゴが2段重ねにぎっしりと並べられ、約100匹の犬と約60匹の猫が飼われていた。典型的なパピーミル（子犬工場）だった。なかには繰り返し行われた帝王切開の跡が膿《う》んでいる犬や、ケガした足を放置され第一関節から先が腐っている犬もいた。

ブリーダーは09年11月、動物愛護法と狂犬病予防法に違反しているとして茨城県警牛久署に刑事告発されるに至った。それでも、ビジネスは継続できた。

「市場に持っていくんだ」

このブリーダーがそう話し、毎週数匹の子犬を販売していた先が埼玉県内のオークションだった。立ち入り調査や文書による指導を行っている茨城県では、10年3月にも十数匹の子犬を出荷していることを確認している。

このオークションを運営しているのが、前出の「プリペット」。六本木ヒルズ森タワー（東京都港区）の17階にオフィスを構え、動物病院や動物霊園も経営している。親会社は投資ファンドで、社長や役員は親会社出身だ。同社幹部に一連の経緯について質問すると、こんな答えが返ってきた。

「4月まで、このブリーダーの実態を把握できませんでした。動物取扱業の登録を認めたのは茨城県、立ち入り調査をするのも茨城県。（動物取扱）業を取ったといわれればその業者を信じるしかないし、自治体が厳正な検査をしていると理解していました。我々としてもたいへん遺憾です。会員業者は約2000に上っていますが、現在、直接訪問して実態把握と指導に努めています。企業努力が足りなかったということなのかもしれません」

オークションがブリーダーの実態を確認することなく入会させ、そのことが結果として犬を虐待、遺棄するような悪徳ブリーダーのビジネスを助けている構図がわかる。こうしたブリーダーが存在すること自体を「ブラックボックス」のなかであいまいにしてしまう機能も、オークションは持っている。

ペットショップチェーンの「コジマ」は関東地方を中心に約40店舗を展開し、売上高は約127億円と業界最大手だ。そのコジマでは、年間約2万匹販売している子犬のうち7割を、オークション経由の仕入れに頼っている。自社での繁殖は行っていない。コジマの川畑剛《かわばたたかし》常務は、こう話す。

「弊社も5カ所くらいのオークションで取引していますが、繁殖から仕入れまでの履歴は追えません。問題のあるブリーダーからは仕入れないよう独自に病歴などのデータベースを構築していますが、オークションで買っている限り、ブリーダーが主張することが本当かどうか確かめる術はありません。その分、子犬が弊社に来てからは、店頭に出すまでに1週間程度の待機期間を設けて、健康管理を徹底してやることにしています」

野菜や肉でも、どこの土地で生産され、どのような生産者からどのような流通加工過程を経て小売店まで到達したか、トレーサビリティーが確保されている。ところが犬の生体については、それが全く確保されていないのだ。

ペットショップで子犬を購入する際、その子犬のブリーダーが、例えば前述のような悪徳ブリーダーだと気づくことは不可能に近い。オークションを経て来た子犬は、どんな性格の親犬から生まれ、どんな環境で育ち、どのように流通してきたのか――消費者が購入前に知ることはできず、もちろん購入時の判断材料に加えることもできない仕組みになっている。傘下にペット用品販売チェーンを持つ東証1部上場の大手流通グループ幹部は、こう話す。

「現在の犬の流通システムはトレーサビリティーが明確でなく、消費者に売る自信が持てません。ですから、生体販売への参入は現時点ではあり得ないと考えています」

流通で「消える」1万4000匹

オークションという「ブラックボックス」のなかで「生体を競る」というビジネスモデルそのものが、遺棄を助長する構造問題も抱えている。

37ページのチャートを見ると、流通の過程で流通外へと消え、「行方不明」になってしまっている犬が約1万4000匹もいることがわかる。その全貌《ぜんぼう》は依然不透明だが、高値で売れる犬とそうでない犬が「一目瞭然《りょうぜん》」となるオークションによって、ふるいにかけられた可能性が否定できない。こうした価値観をベースに犬の流通システムが形づくられたことが、ここまで述べてきたような、ペットショップやブリーダーによる遺棄が後を絶たない原因にもなっている。オークションが存在することで流通が「ブラックボックス」にされ、誰も犬の命に責任をとらなくなってしまった弊害が、ここに現れているのだ。

この点は、全国14のオークション業者で作る「全国ペットパーク流通協議会（PARK）」の宇野覚《さとる》会長も認めている。

「オークションでシビアに子犬の品質を選別するほど売れない『欠陥商品』が生まれ、それを持ち帰ったブリーダーがどんな処置をしてしまうかという問題は、確かにある。業界としてトレーサビリティーの必要性に迫られていることは認識しています」

業界は、徐々にだが、自浄作用を機能させ始めている。PARKの加盟社では悪徳ブリーダーの情報を交換し、違法営業が見られるようなら「取引停止」や「除名」といった処分を下すようにもしている。ある加盟業者は、そうして会員を厳選した結果、会員数を約1000から約350まで減らしたところもある。また、ペットショップで売れ残った犬だけを集めたオークションを毎月開催するなどの工夫も始めているという。

一部のペットショップ経営者にも、このままではいけないという危機感が芽生えている。前述したコジマの川畑常務はいう。

「犬猫あわせて年間約30万匹が殺処分されているという現状はたいへん遺憾に思っています。小売業者として、責任も感じています。殺処分ゼロの社会を目指すのは当然であり、弊社としても地元自治体と協力しながら、この問題に取り組んでいきたい」

また、全国で約60店舗を展開するペットショップチェーン「ペッツファースト」では、オークションで取引しつつも、生産したブリーダー名などの情報を極力掲示するようにしているという。正宗伸麻《まさむねしんま》社長はこう話す。

「不透明な業界といわれるが、これまではその不透明さを利用してもうけてきたところがある。でもこれだけ殺処分される犬が多いなか、商売のやり方を変えなければ、私たちに生き残る道はないと思っています。まずは、購入者への情報公開を徹底するところから始めたい」

オークションでの取引は一切せず、すべての子犬をブリーダーから直接仕入れようという大手ペットショップチェーンも登場している。東京都江東区に本社を構えるＡＨＢインターナショナルはそのひとつ。「ペットプラス」のブランド名で全国約70のペットショップを経営している。

小川明宏代表はこう話す。

「すべてをオープンにするのが生体を扱う企業の義務であり、そうでなければ生体を扱う資格はないと思っています。私たちは顔が見えているブリーダーさんとしか取引しません。その体制が作れなければ、生体を販売する企業としての責任を果たせないと考えるからです。小売業は、品質保証ができなくなったら終わりなのです」

同社の場合、取引している約６００のブリーダーのレベル向上も、自社の経営資源を投入して行うなど徹底している。また、ペットショップなど業者による遺棄の問題にも正面から取り組む。年間50匹程度の「売れ残り」が出てしまう事実を隠さない。そして、売れ残ってしまった犬は、すべて里親を見つけているという。

第2章
「幼齢犬」人気が生む「欠陥商品」

最寄りの高速インターチェンジから約20分ほど走ると、広大な駐車場に囲まれたペットオークション会場が見えてくる。毎週決まった曜日に、数百台もの車がこの駐車場に集まってくる。ナンバープレートを見れば、関東近県はもとより東北地方や中部地方からも参加者がいることがわかる。

客席は階段状に作られており、オークション会場はすり鉢型のスタジアムを思わせる。子犬は1匹ずつ段ボール箱に入れられ、カートに載せられて、次々と中央に運ばれてくる。白衣を着た従業員が2、3人いて、それぞれが1匹ずつ子犬をつかみ上げ、客席からよく見えるよう高々と掲げる。そのすぐ上には計4枚の大型スクリーンが天井から据え付けられており、そこに犬種やブリーダー名、生まれてからの日数、評価額など子犬の情報が映し出される。入札参加者たちは子犬とスクリーンを交互に眺めながら、手元のリモコンを使って入札金額をつり上げていく。客席の最前列に陣取るのは大口の顧客、つまりは大手ペットショップチェーンのバイヤーたち。

「生後36日のシェルティのメス」

「生後36日のトイプードルのメス」

「生後43日のダックスフントのオス」

「生後34日の柴犬《しばいぬ》のオス」

「生後38日のミックス犬」

　2009年初春のある日のオークションでは、そんな子犬たちが絶え間なく競りにかけられ、落札されていった。長くこのオークションの取引を見ているというペットショップのバイヤーは、こう話す。

「価格は、一般的にまず犬種、つぎに外見の良さで決まっていきます。そのなかでも、若い犬のほうが落札価格は上がります。このオークションの場合、非常に若い犬が出ることで知られていて、その意味ではバイヤーからの評価は高いですね」

「8週齢」未満の販売を欧米は規制

　第1章で触れた、オークションによって犬の価格が決まり、一方で「欠陥商品」が生まれる構造と密接に関係しているのが、幼齢犬の問題だ。犬ビジネスでは、子犬は幼ければ幼いほど需要が高く、オークションでは必然的に幼齢犬の取引量が増えていく。だがこのことは一方で、犬の遺棄につながっていく危険性をはらんでいるのだ。

幼齢犬問題の第一人者で、米ペンシルベニア大学獣医学部のジェームス・サーペル教授は編著書『ドメスティック・ドッグ』で、こう指摘している。

「ペットショップにいる子犬は（中略）社会化も不適切で、初期経験も異常であったり、悲惨なものであったりする場合があり、こうしたことによって成犬時に問題行動が発生しやすくなることも考えられる」

犬の社会化期とは、親や兄弟犬と交流することによる「犬としての社会的関係」と、その犬が生まれた環境にいる人間（ブリーダー）が適切に面倒を見ることによる「人間を含む社会への愛着」を形成するための時期をいう。適切な社会化期を経ずに流通過程に乗ってしまった犬は、問題行動を起こす傾向があるのだ。

そして犬の問題行動は、飼い主による遺棄につながりやすい。アエラ編集部が全国の政令指定都市と関東、近畿などの都府県計29自治体に情報公開請求して調べた結果では、07年度に各自治体に引き取られた犬計1万1893匹のうち少なくとも32％がいわゆる問題行動を理由に捨てられていた（詳細は23〜24ページの表）。日本動物福祉協会調査員で獣医師の山口千津子さんも、こう警鐘を鳴らす。

「動物行動学的に生後8週齢ごろまでは、犬としての生活を身につける社会化期とされています。それ以前に親兄弟から引き離されると、ほえたりかみ付いたりという問題行動を起こしやすくなります」

東京大学大学院農学生命科学研究科の森裕司《ゆうじ》教授も、その監著書などで「8週齢までは母犬や兄弟犬とともに生活させる」「8週齢以降を目安に母犬や兄弟犬と別離させる」重要さを説いている。

実はこの「8週齢（生後56日）」の問題こそ、ペットビジネスを営む側と、獣医師や愛護団体との最大の論点になっているといえる。問題になるのは、ではいつが犬の社会化期で、どのタイミングで親元から引き離すのが適当なのかということだ。

引き続き、サーペル教授が編著書で紹介するこれまでの研究結果を記してみる。

「初期の社会化期は生後3〜12週の間であり、感受期（筆者注：ほかの時期に比べて特殊な反応や選好性を獲得しやすい時期）の頂点は6〜8週の間」

「6週齢で子犬を生まれた環境から引き離せば子犬は精神的打撃（精神的外傷）の影響を受けることになる」

そして、こんなふうに結ぶ。

「子犬たちが十分にこの困難な移行期（筆者注：感受期の頂点）を乗り切れる年齢に達する

までは新しい家庭にもらわれることによる精神的打撃を避け、適切に社会化させる方法についてさらに模索するための努力が必要であろう」

こうした研究成果や研究者らの経験を積み重ねた結果、米国やドイツなどでは8週齢未満の子犬の販売が規制されている（57ページの表）。

「8週齢未満の子犬は、母犬から引き離してはならない」（ドイツ）

「8週齢に達していない犬を販売してはならない」（英国）

などと具体的に法令等で定められているのだ。

だが日本では、法的な規制がまだない。このためペットショップの店頭では、生後40日程度の子犬が1匹ずつ狭いケースに入れられ、いつも人目に触れるところに展示されている。歯止めになっているのは、ペットオークションの自主規制くらい、というのが現状だ。

第1章でも触れた日本最大のペットオークションを経営する「プリペット」では、その規定で「出品生体は原則として40日以上」としている。ただ例外もあり、「オークション当日が生後36日目以上40日未満の生体については審査官の判断により出品の良否を決める」としている。「プリペット」側の見解はこうだ。

海外における幼齢犬の販売規制の例

米国	最低生後８週齢以上及び離乳済みの犬猫でない限り、商業目的のために輸送または仲介業者に渡されてはならず、また何者によっても商業目的のために輸送されてはならない（連邦規則）。
英国	犬の飼養業の許可を受けている者は、許可を受けている愛玩動物店もしくは飼養業者に対し、生後８週齢に達していない犬を販売してはならない。
ドイツ	８週齢未満の子犬は、母犬から引き離してはならない。ただし犬の生命を救うためにやむを得ない場合を除くが、その場合であっても引き離された子犬は８週齢までは一緒に育てなければならない。
スウェーデン	生後８週齢以内の幼齢な犬、生後12週齢以内の幼齢な猫は母親から引き離してはならない。生後８週齢以内の幼齢な犬、生後12週齢以内の幼齢な猫は、飼養者から離してはならない。
オーストラリア	生後８週齢以下の子犬及び子猫は、売りに出してはならない（ニューサウスウェールズ州）。すべての動物は離乳と自立ができるようになる時期まで販売してはならず、犬猫ともに最少年齢は８週齢とする（ビクトリア州）。

（環境省の調査を基に作製）

「日本は欧米諸国とは違う。子犬は小さな状態で手に入れ、育てるのが日本の文化。社会化期には明確な基準値が無く、私たちとしては6週齢、42日でペットショップに渡るのが適切なペースだと考えています。また肉体面の成長と精神面の成長は同時に進むから、生体個々の肉体的な成長度合いを慎重に確認することで問題は避けられます。親犬がいなくても一匹で寝られ、エサも食べられるなら、社会化されていると判断できます」

一方、全国の14オークションが加盟するPARKでは「40日未満の幼齢の生体は出荷禁止」と、加盟業者に徹底している。宇野覚《さとる》会長に、その理由を聞いた。

「8週齢まで引き離してはいけないという根拠はない。問題行動を抑制するためにはむしろ、なるべく早く人間の手元に置いた方がいい。早くに引き離したから問題行動が起きたという声が、我々のところには聞こえてきません。それでも無節操ではいけないから、我々は現場で商売をしている経験から、40日という線引きをしました」

その上で、日本の消費者が幼い犬を求める傾向を指摘し、PARKとしての見解をこう主張する。

「日本人は犬を擬人化して飼う傾向があります。だからころころとかわいい子犬を好み、そこに商品としての『旬』が生まれます。現状は、世の中のニーズに商売人が合わせた結果、ということです。世論が８週齢規制に向かっているといいますが、それは本当に一般の消費者の声を反映しているのですか？」

こうして、ペットショップの店頭では生後40日前後の子犬が販売されることになる。ではペットショップは「８週齢規制」についてどのように考えているのか。ペット小売り最大手のコジマでは、販売している子犬の１割弱程度が生後40日未満という。獣医師でもある川畑剛《かわばたたかし》常務は、こう話す。

「社会化期についてはいろいろな説があります。40日程度で親元から引き離されると問題行動を起こしやすいといわれますが、すべてがすべてそうなるわけではありません。エサを食べて元気があれば、40日未満で売っても問題はないと考えています」

さらに言及するのが、仕入れをオークションに頼っている現状では、現実問題として８週齢以上の子犬に限った販売は困難、ということだ。川畑常務はこう続ける。

「なぜ若い犬を販売しているのかといえば、それはオークションでは若い犬が主流になっているからです。生後60日近い子犬なんて、実際問題オークションではほとんど見ません。問題意識が欠けているといわれればそれまでですが、これは自家繁殖をしておらず、オークションに頼っている弱みでもあります。ブリーダーとの直取引を増やすのが理想ですが、年間2万匹販売しているなかで、それをまかなえる数だけ良質ブリーダーを見つけるのはたいへん困難です」

一方で、AHBインターナショナルの小川明宏代表はこんな見解だ。

「現状では、私たちの店舗にいる子犬はだいたい7週齢です。私たちは法律が『8週齢』と決めるのなら、それで構わないと思っています。小売業者が『大きくなるとかわいくなくなる』などと抵抗していては、いつまでたってもこの業界は変われません」

野放しのネットオークション

欧米諸国ほどの水準ではないが、オークション業者が自主規制を行い、ペットショップなども自浄作用を機能させつつある一方で、野放し状態になっているのがインターネット上に存在するオークションだ。

その代表的な存在が、南場《なんば》智子社長が率いて急成長しているネット企業ディー・エヌ・エー（DeNA）の「ビッダーズ」だろう。

ヤフーオークションは、

「動物愛護法の精神を尊重して犬や猫、鳥類の生体の出品は一切禁止している。感情の問題も考慮して、そのような判断を下した」(ヤフー広報)

また楽天のオークションサイトも、

「生き物への負担などを考慮して、現在は、生き物の取り扱いは控えていただいております」(楽天広報)

とするなかで、大手ではDeNAが犬や猫のネットオークションを続けているのだ。

同社が運営するオークションサイト、ビッダーズには常に数百匹の子犬が出品されている。なかには「1円」から入札できるケースもある。動物取扱業の登録さえしていれば誰でも出品できるから、悪徳ブリーダーは排除されていない。幼齢犬の販売についても自主規制は皆無だ。

衝動買いや安易に犬を飼うことへの歯止めとなる、動物愛護法第8条に定められた動物販売業者の「説明の責務」については、「落札・購入決定後、出品者が必ず必要事項について説明書を交付して説明をし、落札者または購入者はその内容の確認をしてから売買契約を成立させる手順を踏んでいただきます」(DeNA広報)というだけだ。

アエラ編集部ではDeNAに対して7項目の質問をぶつけ、幼齢犬販売の問題、ネット上で生体を取引することの問題、移動時に生じる健康管理の問題、動物愛護についての考え方などを尋ねた。当初、南場社長への対面での取材を申し込んだが、かなわなかった。かわりに、広報部の金子哲宏氏からメールで回答（2010年5月12日）をもらった。出品条件や説明方法など事業内容については細かく回答があったが、7項目のうち4項目については次のように記されているだけだった。

「場の提供者として、法令を遵守《じゅんしゅ》し運営を行うのが当社の基本的な立場であり、その運営において諸々《もろもろ》の施策を実施しています。また、法令等の見直しがあればそれに基づき運営のあり方の変更も検討していきます」

サーペル教授に聞く

筆者は2010年7月、米ペンシルベニア大学のジェームス・サーペル教授と連絡を取り、日本におけるこうしたペット流通・小売業者の現状を伝えた上で、改めて次のような質疑を行った。

――日本のように子犬が8週齢未満で母犬やブリーダーの元から引き離され、ペットショップで展示販売されることで、どのような悪影響が子犬の身に起きるのでしょうか？

「7週齢以下で母犬と引き離された子犬にはストレスが原因とされる健康上の問題が増えると同時に、成犬になってからの問題行動が増えると、私たちは考えます。さらに私たちの研究では、6週齢、もしくはそれよりも早く売られたり母犬やブリーダーの元から引き離されたりした子犬の場合、成犬になった時に問題行動を起こす確率が高いことがわかっています」（65ページのグラフ参照）

――犬の社会化期とは、いつ頃からいつ頃までの期間のことと考えていますか？

「初期の社会化の期間はだいたい3週齢くらいに始まり、おおよそ16週齢まで続きます。さらにまた、若い犬は、最低でも1歳になるまでは社会経験に影響を受けやすい期間が続きます」

――そうした犬の社会化期を考慮すれば、生後何週齢で親元やブリーダーから引き離されるのが適切だと考えていますか？

「兄弟犬たちから子犬を引き離す一番良い時期は、7週齢から9週齢の間です。子犬たちが生まれ親しんだ家（筆者注：ブリーダー）で兄弟一緒に生活できるのであれば、母犬からはそれよりも早く、5週齢から6週齢で引き離すこともできます」

――日本のペットショップでは主に生後40日程度の子犬が販売されています。この現実について、どのように考えますか？

「生後40日の子犬は、販売されるには早すぎます。現在入手可能な研究成果によると、生後40日程度の若さで市場に出された子犬は、慢性的ストレスと関係のある健康上の問題に苦しむ傾向が強く、また成犬になった時に、攻撃性、恐怖・不安症、分離不安・混乱などの深刻な問題行動に発展する可能性が高いです」

日本でも遅ればせながら、11年度の動物愛護法の見直しに向けて「8週齢規制」が現実味を帯びてきている。

「幼齢犬販売の問題は最大の議題になる。親から引き離すのが8週齢以上となる方向で検討したいと考えている」（環境省動物愛護管理室）

犬の流通システムに潜む一連の問題をどう見ているのか。10年5月、動物愛護法を所管する環境省に田島一成《いっせい》副大臣を訪ね、見解を聞いた。

「環境省では、次年度以降の動物愛護法の見直しに向けた作業を進めています。問題を認

子犬を生まれた環境から 別の環境に分離するタイミングと問題行動の関係

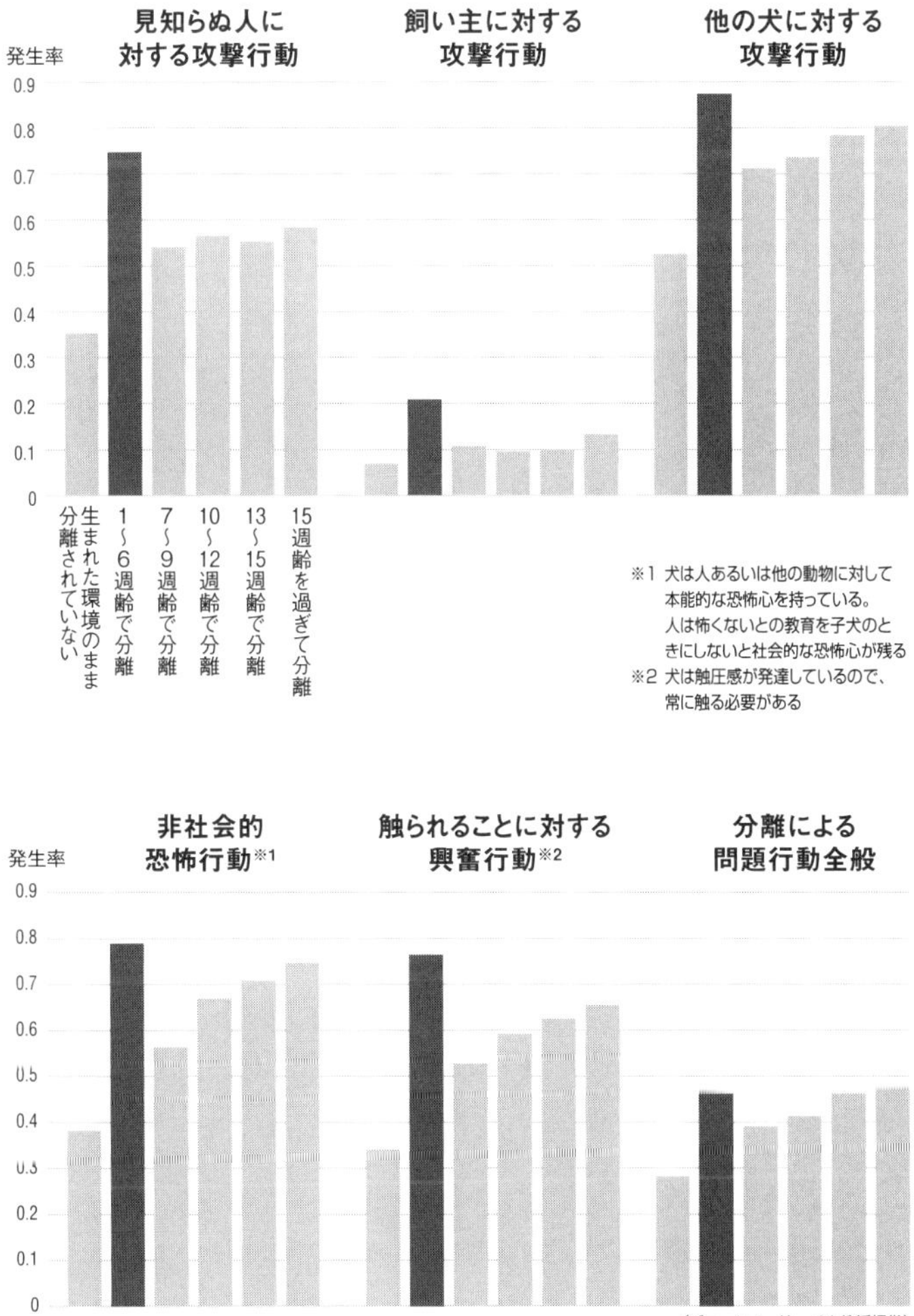

※1 犬は人あるいは他の動物に対して本能的な恐怖心を持っている。人は怖くないとの教育を子犬のときにしないと社会的な恐怖心が残る
※2 犬は触圧感が発達しているので、常に触る必要がある

（ジェームス・サーベル教授提供）

識していながら何の手立ても打たないというのであれば、役所としての責任が果たせません。厳しく手を下していきたいと考えています。

ペット流通の現状にはいくつもの課題があります。飼い主に買われるまで、犬たちの尊厳があまりにもないがしろにされている状況を変えなければいけません。なかでもペットオークションは、ブラックボックスになっている世界。そのため流通ルートが非常に複雑に入り乱れ、実態が把握しにくくなっていると聞いています。まずはそれを整理し、解明していきます。

その上で、幼齢犬の販売にメスを入れていくことが必要だと考えています。8週齢という基準について、知見をそろえていきます。ただ網をかければ、網をかいくぐる手口が出てくる可能性があります。それを防ぐためには消費者が賢くならなければいけません。だから、どのようなブリーダーによって繁殖され、どのようなルートを通じて流通された犬なのか、きちんと消費者に伝えていける仕組みも作らないといけないでしょう。

ネットオークションを含むネット販売についても規制を考えています。生き物をネットで売買するということは、本来道徳的にやってはいけない。ネットで販売するのになじむものと、なじまないものがあります。国として、そこには線を引いていきます」

第3章
隔週木曜日は「捨て犬の日」

2009年2月中旬のある木曜日、茨城県内の市町村役場を巡る1台のトラックを、レンタカーで追いかけた。

トラックは市町村役場に着くと、その駐車場に約30分ほど停車する。そこに、犬や猫を連れた人たちが集まってくる。ある男性は段ボール箱一杯に生まれたばかりの子猫を入れており、またある女性は慣れた手さばきでリードを引きながら飼い犬を連れている……。

トラックを巡回させているのは県の委託業者の初老の男性。犬や猫を連れてきた飼い主たちから事情を聴き、必要書類への記入を促す。そして、その犬や猫を引き取っていく。

ある若い夫婦は3歳のチワワを持ち込み、こう説明した。

「子どもが欲しがったが、飽きてしまった」

淡々とした面持ちで事務作業のように振る舞う飼い主たちに比べ、犬や猫を荷台に載せる委託業者の男性の表情は暗い。この犬や猫たちの運命を、よく知っているからだろう。

このトラックは「捨て犬収集車」なのだ。

その犬も、50歳前後の女性にひかれてやってきた。

名前はベル。8年ほど前、女性の上の子が飼いたいといって拾ってきた、オスの雑種だという。

茨城県では2009年度まで定時定点収集が行われていた。「犬捨て場」にやってくる飼い主は、身勝手な遺棄理由を淡々と説明する。

風の冷たい日だった。いつもと変わらぬ散歩だと思うのか、茶色いしっぽを振って女性に寄り添うように歩く。だが、その先に待ち受けていたのは1台のトラック、「捨て犬収集車」だった。

隔週の木曜日、決められた時間帯に、茨城県南部のこの自治体駐車場にも、捨てられる犬とその飼い主が集まってくる。この自治体は特に犬や猫を捨てる住民が多いとされ、時には行列もできる。県による捨て犬などの定時定点収集が行われているからだ。

つまりこの場所は「犬捨て場」であり、この日、この時間が「燃えるゴミの日」ならぬ「捨て犬の日」なのだ。

定時定点収集とは、自治体が犬猫を捨てていい場所と日時を定め、それにあわせて飼い主が捨てに来る犬猫を、収集車が巡回して集める制度のこと。09年当時、茨城県内には42カ所に「犬捨て場」があり、捨て犬が多い地域では隔週、それ以外は月に1度、「捨て犬の日」が設けられていた。

収集車の荷台から保管用のケージが降ろされ、女性がベルをそのなかに入れようとする。異変を感じたのかベルは抵抗するが、委託業者の男性と2人がかりで押し込まれた。

なぜ8年も一緒に暮らしたのに、捨てに来たのか。女性はこう説明した。

「連れて来たくなかったのですが、家族をかむんでどうしようもないんです。ベルちゃん、かわいそうにねえ」

本気でかわいそうだと思っているのなら、捨てる前に里親を探そうと思わなかったのだろうか。そんな質問をぶつけてみると、女性は怒ったような表情を浮かべ、無言で立ち去っていった。その後ろ姿を、ベルはケージのなかで静かにお座りをし、しばらく見つめていた。

女性の家ではもう1匹、2歳のラブラドルレトリーバーを飼っているという。下の子がどうしても飼いたいといい、ペットショップで購入してきた。この翌日、殺処分されることになるベルとは大きく明暗が分かれた。

命を奪う「住民サービス」

飼い主に捨てられた犬にはどんな運命が待っているのか。別の日、関東地方のある自治体で、殺処分の様子を取材した。

午前9時30分、いつものように犬舎の壁が動き始め、この日は柴犬《しばいぬ》やビーグルなど9匹の犬が殺処分機に追い込まれた。

殺処分機の広さは約3立方メートル。うっすらと明かりがともっている。そのなかを、犬たちは所在なげにうろうろとし、何匹かは側面にある小窓から、外の様子をうかがう。

殺処分機の入り口が閉じられると、すぐに二酸化炭素ガスの注入が始まる。犬たちはまずガタガタと震え、息づかいが荒くなる。殺処分機の上部に取り付けられた二酸化炭素の濃度を示すメーターの数値が上がっていくと、苦しいのだろう、次第に頭が下がってくる。1分もすると、ほとんどの犬は立っていられなくなり、ゆっくりと折り重なるように倒れていく。

酸素を吸いたいのか、何匹かの犬が寝そべったまま大きく口を開く動作をする。助けを呼びたいのか、何とか顔を上げようとする犬もいた。そんな動きも注入開始から10分がたつころには無くなった。犬たちは目を見開いたまま、絶命していた。

恐らく、自分の身の上に何が起きたのか、理解できた犬はいなかっただろう。なぜ、自分がこんな目に遭うのか、わからないまま死んでいったのだろう。殺された犬たちのほとんどが、飼い主の事情によって捨てられたのだから。

こうして毎年、8万匹以上の犬たちが窒息死させられていく。自治体にもよるが、飼い

殺処分機に入れられた犬が小窓から外をうかがう。その間も、二酸化炭素濃度が高まっていく。

主が捨てに来た犬は、その翌日にはほとんどが殺処分されるのだ。

犬には「売り時」や「旬」があると考えるペットショップが衝動買いを促し、安易な気持ちで犬を買う人が出てくる。そんな飼い主がまた安易な理由で犬を捨てる。第1章では、そうした構造について述べた。

この構造が捨て犬を生み出す「蛇口」だとしたら、捨て犬を引き取り、殺処分をしていく地方自治体はその「受け皿」だといえる。第3章では、自治体の現状を見ていくことにする。

冒頭に触れた定時定点収集は、安易な捨て犬を増やす原因になっているとして、最近では廃止する自治体が多い。

定時定点収集を行っている自治体は2007年度時点では、茨城県のほかに愛知県や長崎県など全国に24あった（地球生物会議調べ）。これは捨て犬の引き取り業務を行っている都道府県、政令指定都市、中核市などのうち約2割。制度がない自治体では、犬を捨てたい飼い主は保健所や動物愛護センターに自ら出向く必要がある。定時定点収集とはつまり、犬を捨てやすくする行政サービスといえるのだ。

実はこのサービスが低下するだけで、犬を捨てる飼い主は減る。茨城県を例に見てみたい。

03年度、茨城県では111カ所で定時定点収集を行っていた。この年、捨て犬の引き取り数は5642匹だった。

04年度は70カ所で4371匹。

05年度は63カ所で3305匹。

06年度は50カ所で3064匹。

07年度は42カ所で2314匹。

収集個所が減り、飼い主にとって利便性が落ちるのに比例して、捨て犬の数が減っていることがわかる。一部の飼い主は、捨てやすいから捨てていた、というわけだ。09年2月、茨城県動物指導センターの庄司昭センター長に聞いた。

「引き取り頭数を一刻も早くゼロに近づけるためには、安易に引き取るということを減らさなければいけない。そのために、引き取り個所もぎりぎりまで減らしました」

こうしたなか、定時定点収集を廃止する自治体も増えている。

宮城県では、07年度まで県内70カ所で定時定点収集を実施していた。それを08年度、すべて廃止した。

「あまりに簡単に捨てられている現状を何とかしたいと考えました。ある意味、県民から利便性を奪うことになります。しかし、動物の命が最終的に殺処分される、そのために利便性を求めるのはおかしい。あえて、捨てる機会と場を奪う決断をしました」（宮城県環境生活部）

定時定点収集を廃止したいまは、県内9カ所の保健所に、引き取り場所を限っている。しかも随時引き取るのではなく、必ず獣医師がいて、その場で飼い主を指導できる体制が整う日だけ受け入れている。宮城県の担当者は変化を目の当たりにしている。

「以前は何度も繰り返し犬を持ち込む人がいました。しかし保健所で獣医師が直接『命の大切さ』を説くことで、そうした事例はほとんど見られなくなりました」

一部の市町村や県民からは、「住民サービスの低下だ」として批判や反発もあったという。だが、宮城県は17年度までに引き取り数を半減させる目標を掲げ、廃止に踏み切った。08年度、12月までの集計では前年度に比べて約2割、引き取り数が減ったという。

実は茨城県も、アエラが09年4月13日号で定時定点収集の問題を取り上げた直後から、その廃止の検討を始めた。そして10年度、ついに廃止を決めた。

年度末が迫った10年3月16日、茨城県庁11階の会議室では茨城県動物愛護推進協議会が開かれていた。その席上、県生活衛生課の村山正利課長は約10人の委員らを前にこう切り出した。

「定時定点収集の業務を廃止することを提案させていただきたい。処分数の削減に向けて、できることをすべてやっていく」

続いて、県の担当者がそれまでの経緯を説明していく。それによると、茨城県が定時定点収集を始めたのは１９８７年にさかのぼる。当初から、住民サービスとして導入したという。だが、

「過剰ともいえるサービスが、引き取り数の増加につながってしまった」（県の担当者）

さらに、08年度に定時定点収集で捨てられた犬猫が２３８４匹で、利用者が５１８人だったことも報告された。利用者1人あたり平均４・６匹を捨てていた計算となり、悪質な「リピーター」の温床となっていた実態も明らかにされたのだ。

協議会の終了後、以前から取材対応をしてくれていた県の担当者に話を聞いた。

「アエラの記事をきっかけに大きすぎる反響が県に寄せられ、すぐに廃止の検討を始めました。利用者が一部の人に限られている実態もわかり、モラルの面からも何とかしなければ

ばいけないと考えました。我々としては、定時定点収集は一定の役割を終えたと考えています。今後は捨て犬の引き取り窓口を県の動物指導センターに一元化し、無責任な飼い主への指導も徹底していきたい」

アエラ編集部の調べでは、10年度現在、定時定点収集を続けている自治体は全国で15まで減っている。

「安楽死」導入した下関市

日本では毎年11万匹以上の犬が捨てられている。その受け皿となっているのが全国106の自治体（47都道府県、19政令指定都市、40中核市）だ。動物愛護法と狂犬病予防法に基づき、犬の引き取り業務を行っている。そこで、どんな手がさしのべられているのか——。先進的な取り組みがなされているといわれる、四つの自治体を巡ってみた。

JR下関駅（山口県）から車で40分ほど走ると、県道をそれた先の高台に、下関市動物愛護管理センターが見えてきた。まず、その明るいたたずまいに驚かされた。敷地の一部

明るいつくりの下関市動物愛護管理センター。
広々としたサークルで新たな飼い主を待つ。

に芝生が敷かれ、その脇を清流が流れている。まるで、きれいに整備された公園を思わせる。

　南側に開けた最も日当たりの良い場所に、犬たちが走り回れる大きなサークルが設けられていた。センターを訪ねた2010年3月上旬も、10匹ほどの子犬がそこでじゃれ回り、3匹の成犬が日なたぼっこを楽しんでいた。夜間は、清掃が行き届いた個室で休めるのだという。

　この犬たちはみな捨てられて、このセンターにやってきた。いまは里親となってくれる人を待つ身。時々訪れる里親希望者が、犬たちの様子を見て回り、条件にあえば引き取っていく。

　09年4月に開館したセンターには、捨てられた犬たちになるべくストレスがかからないよう、数多くの工夫が施されている。大きなサークルや清潔な個室もその一例。そして、最大の「目玉」が最新の殺処分機だ。

　下関市では、引き取った犬の約6割が殺処分される。里親が見つかる犬は年間50匹前後に過ぎない。その殺処分の時、せめて犬たちの苦痛を取り除こうと、世界で初めて「吸入麻酔剤」による殺処分機を導入したのだ。

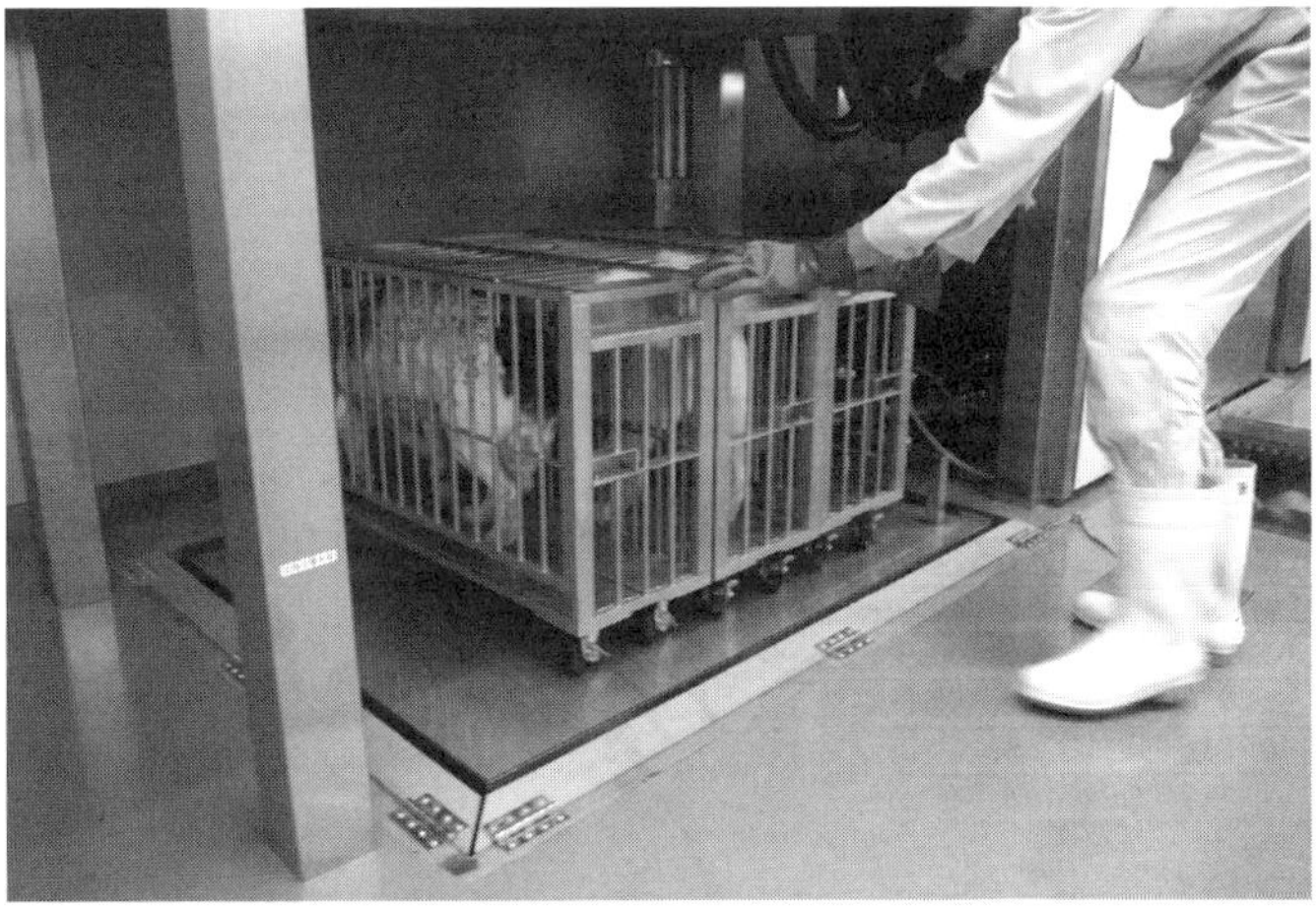

下関市が導入した最新の殺処分機で、吸入麻酔剤による安楽死が可能になった。

だが、犬たちの恐怖心までは取り除けない。扉が閉ざされれば、確実に死が待っている。

巻末データからわかるように、ほとんどの自治体が二酸化炭素ガスを利用した殺処分機を使っている。「できるだけ苦痛を取り除く安楽死」と説明する自治体は少なくないが、つまりは窒息死させるということ。二酸化炭素には鎮静作用や麻酔作用があるが、処分機内が一定の濃度に達して犬が意識を失うまでは、息苦しさから苦悶《くもん》する状態が続く。子犬や負傷犬などで呼吸数が少ないと、死に至るまでさらに時間がかかることもある。その分だけ、苦痛は長くなる。

下関市の職員たちは、そうした現状に目をつぶれなかった。何かいい方法はないかと、全国の自治体を視察して回った。そして03年度から開発を始め、1億円以上を費やして全く新しい考え方で殺処分機を作り上げたのだ。

里親を待つ子犬たちが屋外で遊び回っていた取材日も、奥まった場所に立つ管理棟では、殺処分が行われていた。

白い大型犬、柴犬、黒いぶちの雑種がそれぞれケージに入れられ、職員の手によって殺処分機の中へと導かれていく。黒いぶちの雑種は、恐ろしさのためか失禁していた。殺処分機が閉まり始めた瞬間、白い大型犬と目が合った。するとその犬は前脚をかがめ、お尻を高く持ち上げる姿勢をして見せた。犬が「私と遊んで」という意思表示をする時の姿勢だった。

職員がスイッチを押すと濃度15％の吸入麻酔剤が殺処分機の中に充満する。犬たちは約1分30秒で酩酊《めいてい》状態に入り、じきに意識を失って睡眠状態となる。酸素濃度が18％に保たれており、窒息死することはない。約30分かけて心停止に至り、本当の安楽死が訪れる。獣医師でもある女性職員は、監視モニターごしに殺処分の様子を見守りながら、こう話した。

「精神的な苦痛を取り除いてあげることはできません。だからせめて、肉体的な苦痛だけでも無くしてあげたかったのです。こういうやり方もあるのだと、少しでも多くの自治体に知ってほしい。本当は、殺処分がゼロになるのが一番いいんですけどね……」

声が潤んでいた。

「犬に優しい」自治体

繰り返し書くが、毎年8万匹以上の捨て犬が、殺されている。その最期の日々を見つめているのが、自治体の職員たちだ。アエラ編集部では２０１０年5月、自治体の現場を取

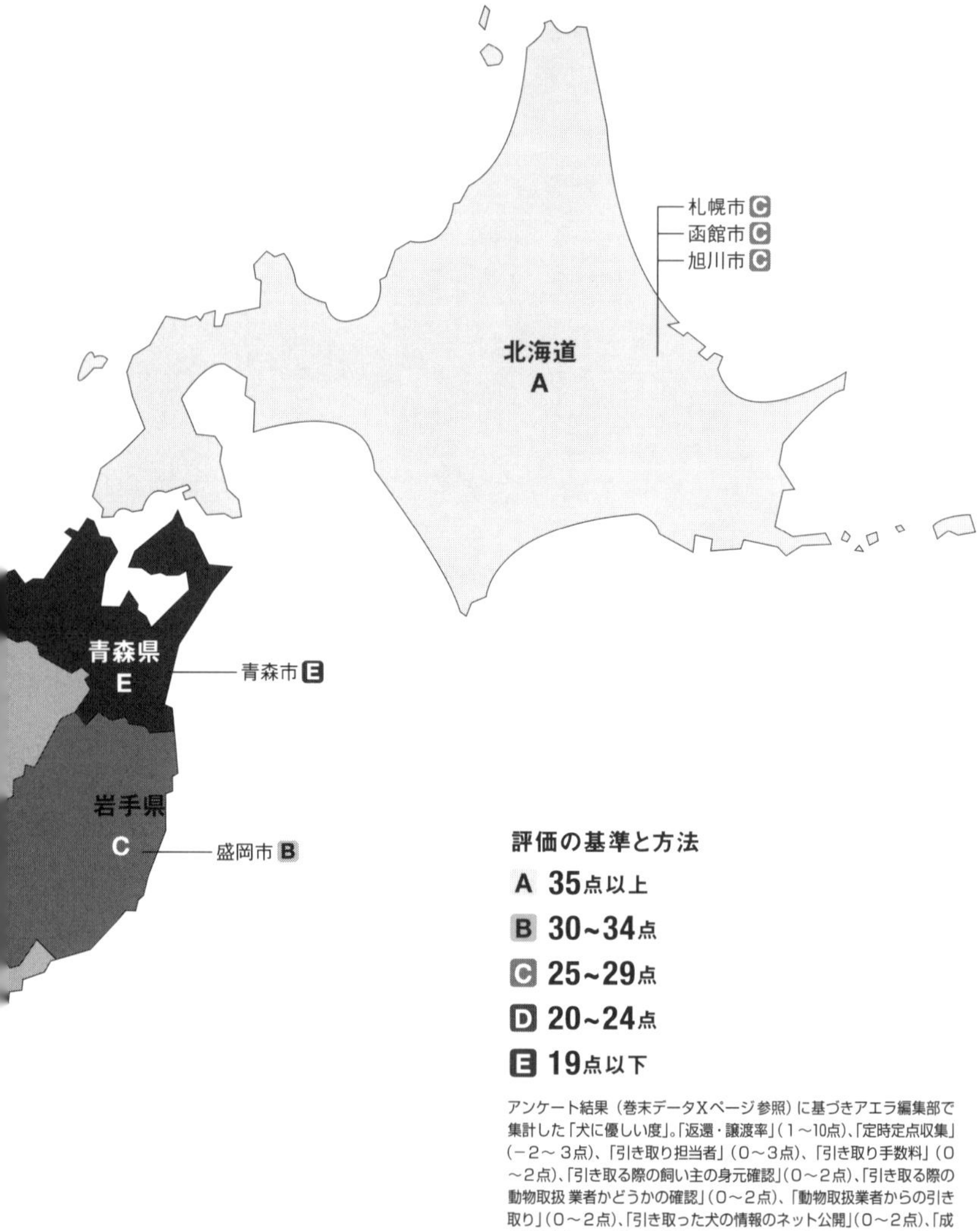

評価の基準と方法

A 35点以上

B 30~34点

C 25~29点

D 20~24点

E 19点以下

アンケート結果（巻末データXページ参照）に基づきアエラ編集部で集計した「犬に優しい度」。「返還・譲渡率」（1～10点）、「定時定点収集」（－2～ 3点）、「引き取り担当者」（0～3点）、「引き取り手数料」（0～2点）、「引き取る際の飼い主の身元確認」（0～2点）、「引き取る際の動物取扱 業者かどうかの確認」（0～2点）、「動物取扱業者からの引き取り」（0～2点）、「引き取った犬の情報のネット公開」（0～2点）、「成犬譲渡」（0～2点）、「愛護団体などへの団体譲渡」（0～2点）、「新たな飼い主 などへ犬を譲渡する際の不妊手術」（0～3点）、「殺処分の際の致死方法」（0～5点）、「保管施設の公開」（0～ 2点）、「殺処分の公開」（0～2点）、「殺処分数の削減目標」（0～5点）、「動物愛護イベント等の実施状況」（回数・のべ参加人数を総合して0～ 3点）、「動物愛護推進協議会」（0～1点）、「動物愛護推進員」（0～1点）の全19項目で点数をつけた。その合計点で、「優しい度」を上位からA（35点以上）、B（30～34点）、C（25～ 29点）、D（20～24 点）、E（19点以下）で表示した。

「犬に優しい」自治体5段階評価

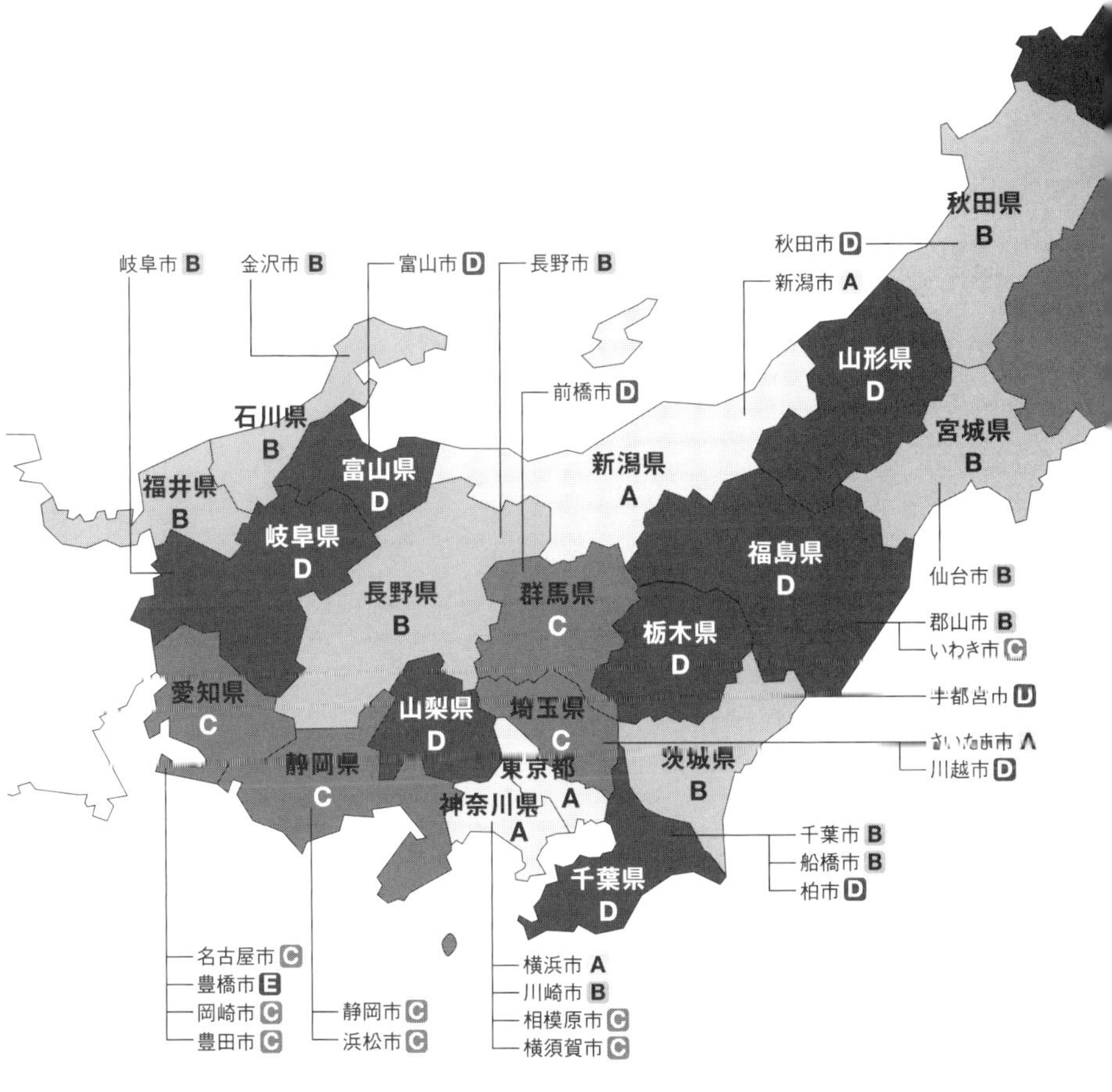

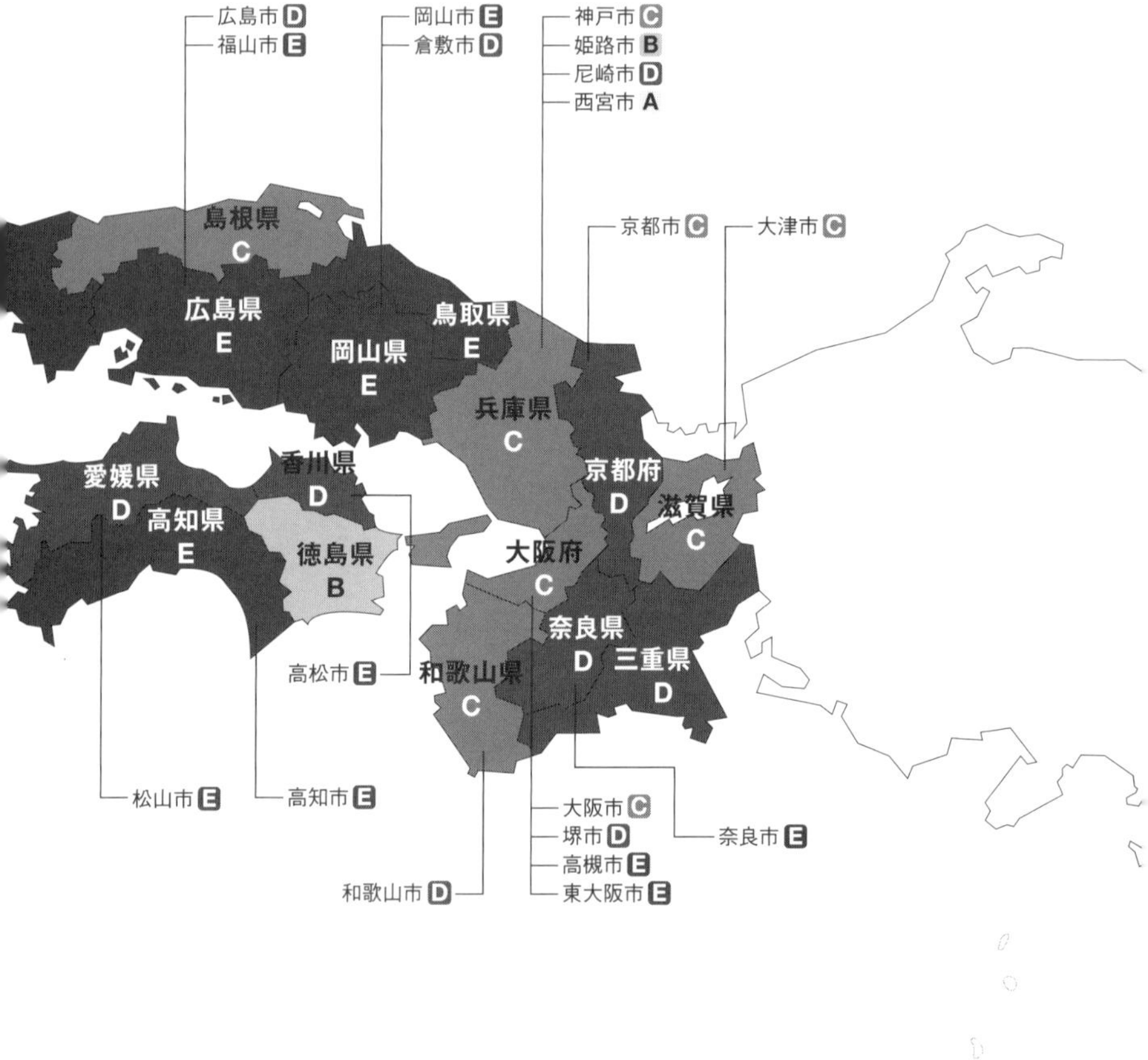

広島市 D
福山市 E
岡山市 E
倉敷市 D
神戸市 C
姫路市 B
尼崎市 D
西宮市 A
京都市 C
大津市 C
島根県
C
広島県
E
鳥取県
E
岡山県
E
兵庫県
C
京都府
D
滋賀県
C
愛媛県
D
香川県
D
高知県
E
徳島県
B
大阪府
C
奈良県
D
三重県
D
和歌山県
C
高松市 E
松山市 E
高知市 E
大阪市 C
堺市 D
高槻市 E
東大阪市 E
奈良市 E
和歌山市 D

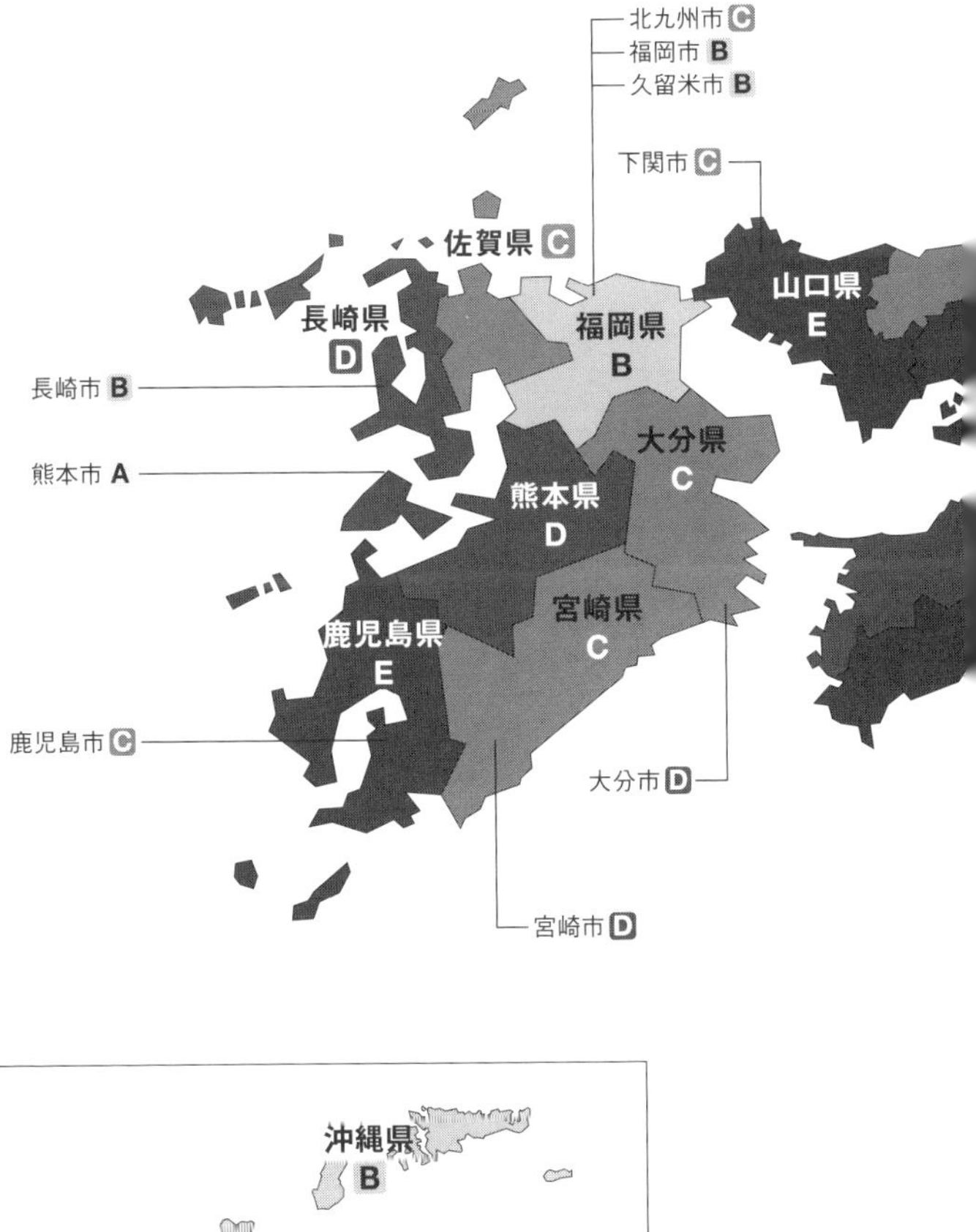
北九州市 C
福岡市 B
久留米市 B
下関市 C
佐賀県 C
山口県 E
長崎県 D
福岡県 B
長崎市 B
大分県 C
熊本市 A
熊本県 D
宮崎県 C
鹿児島県 E
鹿児島市 C
大分市 D
宮崎市 D

沖縄県 B

材する一方で、動物愛護法と狂犬病予防法に基づいて犬の引き取り業務を行っている全国106の自治体にアンケートを行った。

どの自治体が「犬に優しい」のか。19項目の回答を点数化し、5段階で評価してみた（84〜87ページの地図。詳細は巻末データ）。点数化したのは、どれだけ安楽死に近い手段を講じているかを見る「致死方法」、自治体に引き取られた犬がどれだけ生還できたのかを見る「返還・譲渡率」、安易な飼育放棄を助長する「定時定点収集の有無」、どれだけ里親探しに力を入れているかを判断できる「団体譲渡の有無」、飼い主への啓発や職員のモラル向上につながる「情報公開度」、犬を引き取る際の「獣医師の関与度」などだ。

結果、最もポイントが高かったのは熊本市で、2位西宮市（兵庫県）、3位神奈川県と続いた。一方で都道府県の中で最も低いポイントとなったのは高知、次いで鳥取、広島、鹿児島という順だった。トップと最下位とでは34ポイントもの差がついた。明らかになったのは、自治体による動物愛護への温度差だった。

まず「殺処分方法」だが、下関市のように「安楽死」を目指す先進的な自治体は極めて限定的だった。実に約85％が、殺処分機に二酸化炭素ガスを注入することで窒息死させている。

そんななかで大阪府は、09年度から獣医師が麻酔薬を注射する方法に切り替えている。ただ現時点では「試験的な実施」と説明する。大阪府の担当者はアンケートに、こう答えてきた。

「より安楽死に近い方法を検討した結果だが、1匹ずつ自らの手で殺すこの方法は職員の精神的負担が大きい。本格的な導入は慎重にやりたい」

また京都府は、子犬や負傷犬については獣医師が麻酔薬を注射することで殺処分している。京都府の担当者は電話でこう話した。

「すべて獣医師による安楽死が望ましいと考えています。しかし頭数も多く、また触れると危険な成犬もいるため、原則的に殺処分機を使わざるをえないのが現状です」

田島一成《いっせい》環境副大臣はこう認める。

「殺処分の際に『ガス室』送りにすることが大きな問題になっているなか、下関市の手法は評価できます。一方で、それぞれの現場に『安楽死』を導入できない事情もあるのでしょう。自治体によって温度差があることは、事実として受け止めないといけないと思っています」

その田島副大臣が重視するのが、殺処分数そのものを減らそうという取り組みだ。

「できる自治体とできない自治体があることは理解した上で、それでもまずは各自治体とも引き取り数と殺処分数を減らすためにはどうすればいいのか、考えていってほしいと思います。どのように動物の遺棄を防止していくのか、また捨てられた犬たちをどうやって再飼養してもらえるようにするのか、その体制作りが必要です」

横浜市が11年5月の開設を目指す横浜市動物愛護センター（仮称）は、その象徴的な施設の一つになる可能性がある。

同市神奈川区内に約1万平方メートルの用地を確保し、総事業費38億円をかけて建設中だ。個室の犬舎約70室や手術室まで備える一方で、

「殺処分機は置きません」（濵名和雄・横浜市動物愛護センター整備担当課長）

「殺処分ゼロ」を実践するドイツ・ベルリンの動物保護施設「ティアハイム」（第4章参照）の資料などを取り寄せ、参考にしながら設計したという。濵名氏はこう話す。

「機械の導入に頼らず、譲渡を推進することで殺処分を減らしていく決意です」

そのため、施設の大部分を動物愛護の普及啓発を行うための「交流棟」や「ふれあい広場」にあてている。やむを得ず殺処分する際には、1匹ずつ獣医師が麻酔薬を注射する。

だが開設に向けて、課題は山積している。譲渡数を増やすのに、動物愛護団体への譲渡

は欠かせない。個人が施設を訪れ、里親になるケースはまだまだ限られるからだ。横浜市ではこれまで団体譲渡を認めてこなかった。新センターの開設で、団体譲渡を行うか否か判断を迫られることになる。また市民に開かれた「啓発施設」を目指しているが、そのための職員の育成も急務だ。

「人間の仕事もないのに犬猫になぜカネをかけるのか」

横浜市にはそんな苦情も多数寄せられているといい、今後、市民の理解を得る努力が必要になってくる。

「殺処分ゼロ」めざす熊本市

「殺処分ゼロ」に向けた取り組みで、既に実績を上げているのが熊本市。アエラ編集部の評価でも最高点だった。熊本市は2009年度、453匹の犬を引き取ったが、そのうち411匹を返還・譲渡につなげた。収容中に傷病死した犬を除けば、殺処分した犬は1匹だけだった。

「殺処分ゼロを目指す」

02年、熊本市動物愛護センターの職員たちは実現不可能とも思えるそんな目標を掲げた。

「嫌われる行政になろう」

それが、合言葉だった。

08年10月、九州自動車道熊本インターチェンジからほど近い、熊本市動物愛護センターを訪ねた。秋の日差しに照らされたセンターで、犬たちがにぎやかに迎えてくれた。近寄ると皆、愛想良くしっぽを振ってくる。なかにはおなかを見せてくれる犬もいた。4、5匹ずつ柵《さく》で仕切られた子犬たちは、跳びはねるように遊び回っていた。

そんな様子を見守りながら、久木田《くきた》憲司《けんし》所長は目標を掲げた当時のことをこう振り返った。

「本来、市の窓口というのは市民の方に嫌な思いをさせてはいけないのですが、犬を捨てに来た人には、嫌な思いをしてもらおうと決意しました。窓口では獣医師資格を持った職員が対応し、時には声を荒らげてでも説得し、翻意してもらおうと考えたのです」

動物愛護法で、飼い主が持ち込んだり、迷子で保護されたりした犬は、都道府県や政令指定都市、中核市など自治体が引き取るよう定められている（第35条）。だが「家庭動物等の飼養及び保管に関する基準」として、

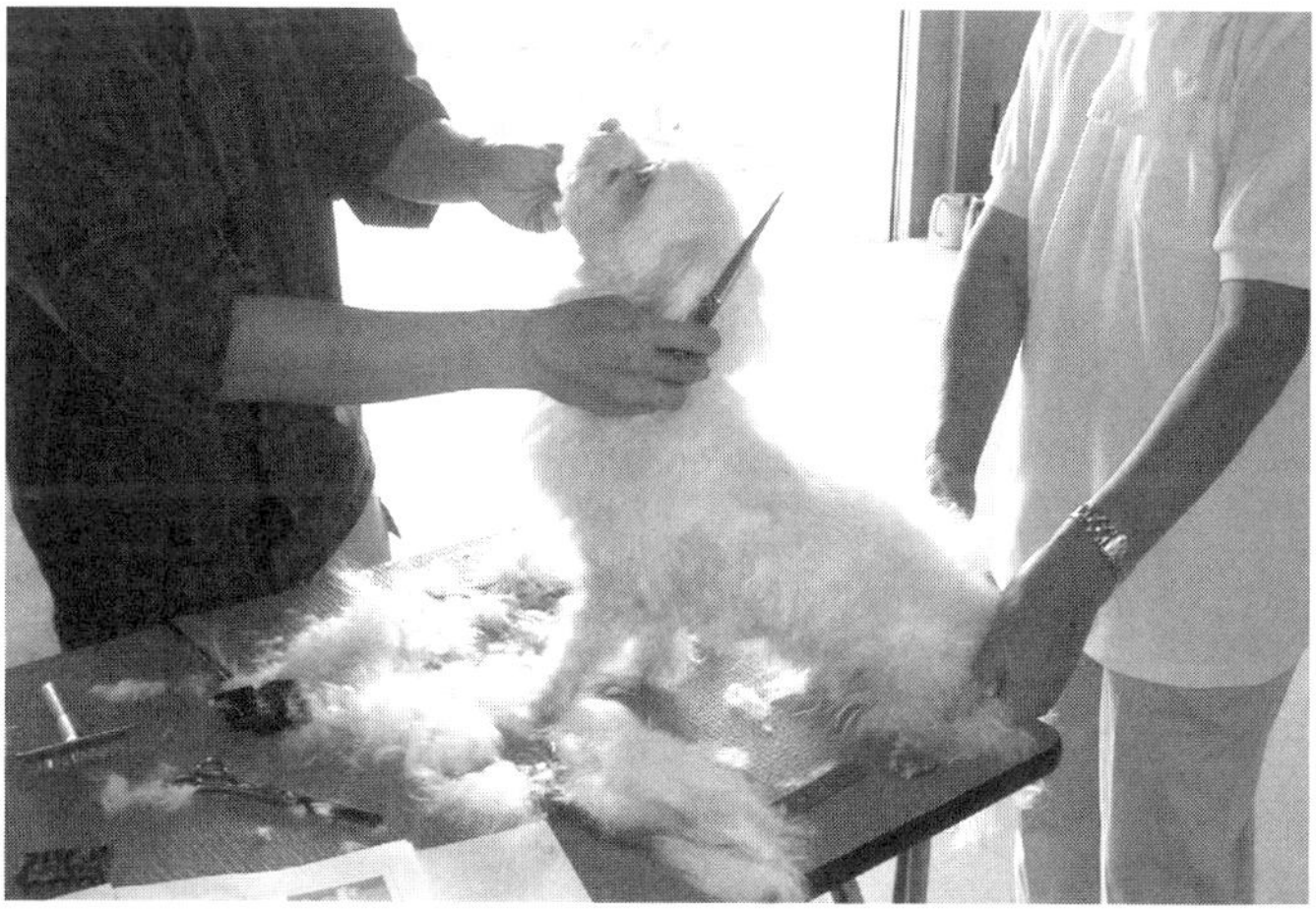
熊本市は収容した犬のトリミングもする。きれいなほうが里親にもらわれやすく、迷子犬なら飼い主が見つけやすいからだ。

「その所有者は、家庭動物等を終生飼養するように努めること」という文言もある。熊本市は、引き取るのは緊急避難的措置であり、後者の理念こそ重視すべきだと判断した。

センター職員と無責任な飼い主たちとの戦いが始まった。

「かみ癖があって飼えない」

60歳代の男性はそんな理由で、コーギーを持ち込んできた。元々飼っていた息子が海外転勤になり、自分が面倒を見ることになったという。

「犬が悪いことをしたんだから、罰を受けて当然だろう」

そう主張する男性に対し、小山信《おやままこと》係長がこう詰め寄った。

「かんでいいと教えてしまったのは、あなたの息子ではないですか。息子の失敗を、なぜこの犬が命をかけて償わなければいけないのですか」

またある時は、引っ越しをするため、飼えなくなったという女性が来た。小山さんはまずこう諭した。

「ここに来れば、この犬は命を絶たれます。飼い主としての最後の責任を果たすため、新たな飼い主を探してください」

だが女性は、30人ほどの知人にあたったが、見つからなかったと説明する。それでも、小山さんは食い下がる。

「たった30人に聞いて回ったくらいでこの犬が殺されるなんて、理不尽じゃないですか？」

そして地元紙の情報欄への広告掲載などを促す。それでもダメな時は、言葉もきつくなる。

「なぜあなたは引っ越す可能性を考えなかったのか。あなたはもう二度と動物を飼わないでください」

場合によっては、飼い主を殺処分に立ち会わせる。飼い主に犬を抱えさせたまま、獣医師が鎮静剤などを静脈注射する。犬は飼い主の腕のなかで痙攣《けいれん》しながら死んでいく。そんな経験をした飼い主は「二度と飼わない」などと言い残し、帰っていくという。

こうしたセンターの対応に、市の広報窓口などには少なくない苦情が寄せられる。だが、久木田所長は意に介さない。

「ちょっとでも犬の命を救える可能性があるなら、そのために全力を尽くす。それが私たちの原点ですから」

「殺処分ゼロ」を目指して活動しているのは、行政だけではない。市獣医師会、ボランティア団体、動物取扱業者らが熊本市動物愛護推進協議会を結成し、精力的に動いている。ペットショップなど動物取扱業者も加わっているのは、他自治体と比べても特徴的だ。

「抱っこさせたら勝ち」

子犬の感触とぬくもりを感じさせたら、消費者の判断力が低下して売れてしまう、という業界の定説だ。だがそれが、ペットビジネスによる「大量生産」を可能にし、無責任な飼い主を生む。そんな不幸な連鎖を絶つために、熊本市内でペットショップなどを経営する田中陽子さんらが中心になって、業者の意識を高める運動をしている。

「私たちは抱っこさせて売りません。売る前には1時間以上かけて、条件や希望を確認するようにしています」（田中さん）

市内でペットショップを営む業者間で、そんな営業方針を広めているのだ。

さらに、ボランティア団体は毎月のように捨てられた犬たちの譲渡会を開催している。行政が迷子犬をホームページで公開し、市民ボランティアは収容犬の里親を募集する広告を地元紙の情報欄に自費で載せる。市獣医師会は、市内の動物取扱業者に協力し、啓蒙活動を展開する――。いくつもの地道な取り組みが、絶えず展開されているのだ。

そして引き取り数が減り、一方で返還・譲渡数が増えた。殺処分数が劇的に減り、1匹ずつ鎮静剤などで安楽死させることも可能になった。熊本市動物愛護センターにある二酸化炭素ガスによる殺処分機はもう4年以上、動いていない。

徹底した情報公開

予算がなくても、制度をいじらなくても、職員の熱意が現場を変えていく事例もある。愛犬家の間で話題になっている本がある。２００９年7月に出版された動物愛護センターの日常を描いた『犬たちをおくる日』（今西乃子《のりこ》著）だ。

その舞台となったのが、愛媛県動物愛護センター。道後温泉などで知られる松山市中心部から車で40分ほど走った、山あいに立っている。交通の便がいいとはいえないこの場所に、年間2万人あまりが訪れる。

10年3月、センターを訪ねた。3月も中旬だというのに前日に大雪が降り、職員が雪かきをして、入り口までの歩道を作ってくれていた。

「日本一の愛護センターにする」

そんな決意を抱いた岩崎靖さんが06年に赴任してきたのを機に、このセンターは変わり始めたという。

獣医師でもある岩崎さんは、初任地が保健所だった。当時は県内に散らばる各保健所で、獣医師たちが薬剤注射による殺処分を行っていた。1週間ほどの保管期間があると、捨てられた犬たちもよくなついてくる。だがその犬を、自らの手で殺さなければならない。そんなつらい経験が、原動力になっている。

取材した日もセンターにはたくさんの犬がいた。岩崎さんがサークルの中に入ると、子犬たちはいっせいに跳びかかってくる。そんな子犬たちを、殺処分機に送らなければならない日もある。岩崎さんはいう。

「センターがやっていることを隠すから現実が伝わらない。隠さなければ、県民が現実を知り、変わってくれるはずです」

岩崎さんが始めたのは、徹底した情報公開だった。県民への広報活動に力を注ぎ、日々の業務内容をすべてオープンにした。捨てられた犬たちとふれあえるイベントを何度も開いた。『犬たちをおくる日』には、ほとんどの職員が実名で登場し、訴えかけた。

多くの自治体が隠したがる殺処分機も公開し、殺処分され、焼かれた犬たちの灰になっ

徹底した情報公開を行う愛媛県動物愛護センター。親子で学べるスペースも設けられている。

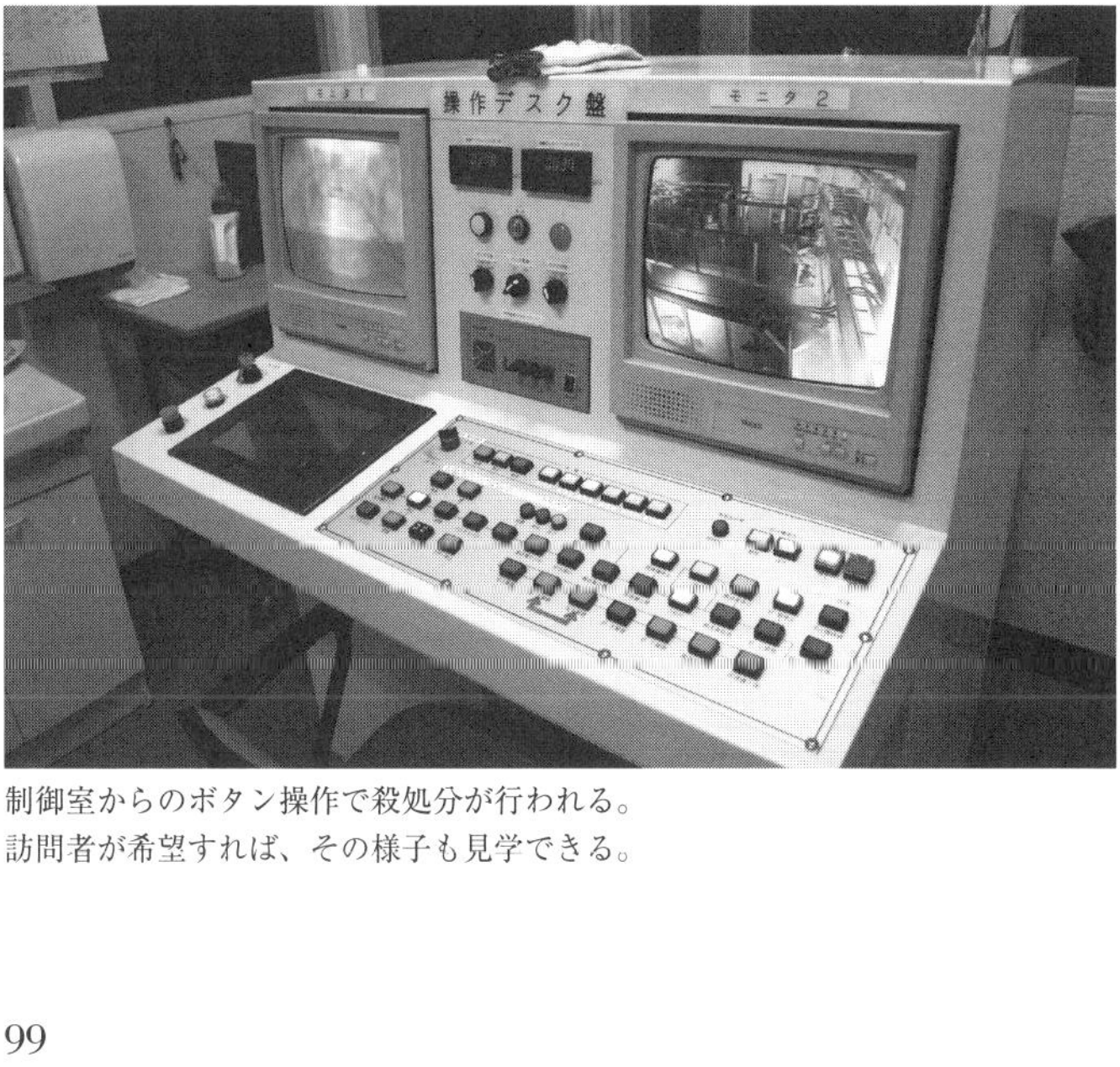

制御室からのボタン操作で殺処分が行われる。訪問者が希望すれば、その様子も見学できる。

た骨まで見学させる。殺処分の様子を見て気を失う人もいる。捨てられた犬たちを見て、その場から一歩も動けなくなる人もいる。だが現実を知った人たちの中に、一匹でも多くの命を救おうという思いが芽生えるという。

「人が変われば殺されなくていい命ばかりなんです。できるだけたくさんの人にセンターを訪れてもらい、殺されていく犬たちの気持ちを知ってほしい。そしてそのことを、周りの人たちに知らせてほしい」

愛媛県では08年ごろから目に見えて捨て犬の数が減り始めた。同時に、里親になってくれる県民が増え始めている。

今回のアンケートでは、各自治体に殺処分数の削減目標の有無についても尋ねている。69の自治体が何らかの目標数値を持っていた。殺処分数の削減目標はなくても、引き取り数の削減目標などを持っている自治体もあった。動物愛護行政は、変わり始めている。

第4章 ドイツの常識、日本の非常識

ドイツの首都ベルリンの中心市街地でタクシーをつかまえ、行き先を告げる。行き慣れた場所なのか、道順を聞かれることもなくタクシーは走り出した。ブランデンブルク門やテレビ塔など、ベルリンの名所を車窓に見ながら約20分。住宅街に隣接して突然、緑あふれる広大な空間が現れた。

「静かな環境、たっぷりの採光、そして十分な遊び場」

事前に入手していた情報によると、それがここの売りだという。

サッカーコート約30面分もの敷地内に人工の池を配し、管理が行き届いた芝生を敷き詰め、外観を白系に統一された建物が余裕を持って並んでいる。人間が住む高級マンションの話ではない。ここは、動物保護施設「ティアハイム・ベルリン」だ。

98%に新たな飼い主

2009年5月中旬、動物愛護先進国ドイツの現状を取材した。

ティアハイム・ベルリンは1901年に設立され、01年に約50億円かけて現在の施設に建て替えられたという。世界最先端の動物保護施設といわれている。

美術館と見まごうようなティアハイム・ベルリン。犬猫のほかに鳥類や爬虫類も保護する。

大きな円形のドッグランがいくつもあり、保護された犬たちが自由に走り回っていた。

動物愛護が浸透しているドイツでも、犬を捨てる人はいる。引っ越しや離婚がその理由になるのは、日本と同じ。でもそこから先の対応が全く異なる。ティアハイムの施設に隣接して警察官が駐在する建物があり、持ち込まれた捨て犬に虐待の形跡などがあれば、すぐに取り調べが行われる。

そして、何より、ティアハイムで保護された犬たちの表情はどこかやわらかいのだ。犬たちはタイルが敷かれた庭付きの個室で、思い思いに過ごしている。屋根には丸い穴がくりぬかれ、自然光がたっぷりと入る構造になっている。明るい日差しの下で昼寝をしている犬もいれば、屋内でエサを食べている犬もいる。床暖房が完備されているから、厳しいベルリンの冬でもこごえることはない。

順番に数匹ずつ、直径約50メートルの円形ドッグランに出してもらえる。ほかの犬との追いかけっこを楽しみ、おもちゃで遊び回る。ここでの暮らしに退屈することはないし、運動不足とも無縁だ。約１００人のスタッフが世話にあたり、病気やケガをしたら十数人いる獣医師がすぐ治療する。かみ癖やほえ癖があればしつけも施される。

そんな日々を送りながら、新たな飼い主がやってくるのを、犬たちはゆっくりと待つ。期限は、無い。

原則、すべての犬に「個室」が用意されている。
新たな飼い主が現れるのをゆっくりと待つ。

「犬を見に行こうか」

犬を飼いたいと思うドイツ人がそう考え、まず目指すのがここティアハイムだという。美術館とも公園とも見まごうような施設を作ったのは、なるべく多くの人に訪れてもらうためでもある。毎年平均25万人が、この施設を訪れる。それだけの人が見に来るから、犬の譲渡先に困ることはないのだ。

取材で訪れた日は日曜日だったこともあり、多くの来訪者が犬を見て回っていた。

「いつも眠そうにしている。この犬は性格がよさそうだ」

「このくらいの大きさなら家でも飼うことができる」

そんなふうに家族で意見を交わしながら、1匹ずつ檻《おり》ごしに見ていく。

ある檻の前に10分以上座り込み、じっくりと犬の様子を観察している女性もいた。自分たちの住環境、労働環境にふさわしい犬を見つけたくて、もう何度も足を運んでいるという夫婦もいた。

日本のペットショップで目にする、子犬を抱えた子どもが「かわいい！」と歓声をあげるような場面には出くわさない。前の飼い主から捨てられた成犬を、新たな家族として迎え入れることが可能かどうか、あくまで冷静に検討する場なのだ。

希望の犬を決めたら管理棟内にある受付に行く。そこは明るい色調で統一されており、新たなパートナーとの充実した未来を予感させてくれる。来訪者はここで希望の動物を告げ、質問票への記入を求められる。質問の内容は多岐にわたる。

・賃貸住宅に住んでいますか？
・家の貸主は動物を飼うことを認めていますか？
・子どもはいますか？
・あなたの家族で動物アレルギーを持っている人はいますか？
・いままでに同じ性別の動物に接した経験がありますか？
・動物はどのように収容されますか？
・あなたは毎日３回（合計で約２時間）、犬を散歩できますか？

など極めて詳細だ。回答内容によっては、譲渡を断られる場合もある。

譲渡が決まれば、その犬の年齢や健康状態に応じて保護期間中にかかった経費の一部を支払い、ようやく受け取ることができる。だがそれで終わりではない。１、２カ月後には、適切に飼われているかどうか、ティアハイム職員によるアポ無し訪問検査も行われるのだ。

こうして平日は一日3匹程度、週末には8匹程度の犬が新たな飼い主と出会い、施設を後にする。年間の譲渡数は約2000匹、収容した犬の実に98％がもらわれていくという。01年秋の建て替えから5年間では、1万5988匹の犬、2万2645匹の猫が新たな飼い主に引き取られていった。

広報担当のエバマリ・ケーニッヒさんはこう話す。

「私たちは一匹も動物を殺しません。病気で亡くなってしまう残念なケースもありますが、例え新たな飼い主が見つからないような犬でも、提携している終生飼育施設に譲渡して最後まで面倒を見ます」

虐待に罰則、「犬税」も

一連の取り組みはすべて「ドイツ動物保護協会」によって行われている。運営には年間約8億円かかるが、ほとんどが寄付でまかなわれているというから驚く。行政ではなく民間の動物愛護団体によって、これだけの体制ができあがっているのだ。

施設があるベルリン市リヒテンブルク区のクリスティーネ・エメリッヒ区長に、話を聞いた。

「動物を守ることに対して、国や自治体からの資金援助はほとんど必要ありません。個人や企業の意識が高いからです。日本では年間約10万匹の犬が捨てられ、ほとんどが行政によって殺処分されているそうですが、先進国として考えられない行為です。日本人には、動物を殺すのは悪いことだという、基本的な啓蒙《けいもう》が必要ですね」

ドイツ各地には、規模の大小こそあれベルリンと同じようなティアハイムが約５００あり、相互に連携して犬の譲渡に努めている。国を挙げて動物を守る、まさに犬にとって天国のような環境が、ドイツにはあった。

「犬の保護に関する規則（Tierschutz-Hundeverordnung）」

ドイツの動物保護法のもとには、そんな規則がある。

散歩をしなければいけない、長時間の留守番をさせてはならない、屋外で飼う場合は小屋の床に断熱材を使用しなければいけない、檻で飼うなら１匹あたり最低6平方メートル以上の広さを確保しなければならない――。飼い主が守らなければいけない事項がきめ細かく定められているのだ（111ページの表参照）。

違反すれば数十万円から数百万円の罰金が科される。著しい虐待が認められれば、二度と動物と接することができなくなることもある。ペットにまつわる法制度に詳しい帯広畜産大学の吉田眞澄特任教授（法律学）はこう指摘する。

「ドイツでは、かつては使役犬として、いまは精神的に貢献してくれるペットとして、犬は人と身近に暮らしてきたということがよく理解されています。それにふさわしい、犬がストレスなく適正に生活できる環境は、飼い主が用意すべきものであるという考え方が、当然のように浸透しているのです」

こうした法制度はペットショップにも適用される。

だからドイツでは、ペットショップの店頭に子犬が並ぶことは基本的に無い。日本のように店頭で数十匹の犬を販売しようと思えば、毎日すべての犬を散歩し、長時間の留守番を避けるために店員が毎晩泊まり込み、さらには決められた広さの檻を用意するための広大な土地が必要になる……。コストがかかりすぎて、ビジネスとして成立しないのだ。

ブリーダーも例外にはならない。そのためドイツでは、流行にあわせて子犬を大量生産するいわゆる「パピーミル」は見られない。販売する際には、飼い主の飼育状況をよく確認するのも常識だ。

ドイツの「犬法」（抜粋）

- 犬は戸外において十分な運動と
飼育管理している者との十分な接触が
保障されなければならない。
- 子犬を生後８週齢以下で
母犬から引き離してはならない。
- 戸外で犬を飼育する者は
保護壁及び床断熱材を使用した
日陰の休息場所を提供しなければならない。
- 犬を室内で飼育する条件として、
生活リズムのための採光と新鮮な空気が
確保できる窓がなければならない。
- 犬舎（檻）の大きさは少なくとも
犬の体長の２倍の長さに相当し、
どの１辺も２メートルより短くてはいけない。
- 体高50センチまでの犬の場合、
犬舎（檻）の最低面積は１匹あたり
６平方メートルなければいけない。
- 飼育管理する者は犬の生活環境を
清潔に保ち、糞は毎日取り除くこと。

フランクフルト近郊でダルメシアンのブリーダーをしている男性に話を聞いた。

「この犬種を愛しているからやっている。買いに来た人には、まず戸建てに住んでいるかどうか聞きます。2部屋しかないようなアパートに住んでいるといわれたら、さようなら。仕事で昼間4時間いないという人にも、すぐ帰ってもらった」

自らの仕事に誇りを持ち、自分が育てている犬たちに深い愛情を持っていることが伝わってくる。ドイツのブリーダーにとって、それは単なるビジネスではないのだ。

ドイツで8週齢未満の犬の販売が禁止されていることは、第2章で触れた通りだ。8週齢未満で母犬や生まれた環境から引き離すことは、犬の精神的外傷となり、問題行動につながるとして禁止されている。日本のように、このことに疑義を呈するペットショップやブリーダーはなく、当然のこととして「8週齢規制」が受け入れられている。

ドイツには「犬税」もある。地方自治体によって税額は異なるが、都市部では犬1匹につき年1万~2万円が相場になっている。自治体によっては2匹目からは年2万~4万円を課すところもある。

元は犬を飼うことが貴族のステータスシンボルだった時代に贅沢《ぜいたく》税として徴収されてい

たものが、地方税としていまも残っているのだ。この犬税は法制度とともに、安易に犬を飼うことへの抑止力になっていると、吉田特任教授は指摘する。

「ドイツでは、なまじの気持ちでは犬を飼うことができません。社会全体が犬を飼うことについて成熟しているのです」

成熟したドイツの現状に比べて、日本は犬にとっての地獄、かもしれない。

08年度、全国の地方自治体に引き取られた犬は11万5797匹（負傷犬を含む）。その7割以上にあたる8万4045匹が、新たな飼い主などが見つからず、殺処分された。衝動買いを促すペットショップは取り締まりを受けることなく営業を続け、そこで安易に子犬を買い、安易な理由で犬を捨てる飼い主は後を絶たない。

日本でも、企業や団体などによる捨て犬引き取り事業ともいえるものが行われるようになっている。だが、ドイツのティアハイムとはほど遠い現状があった。

「里親ホーム」の惨状

アエラ編集部に寄せられた情報をもとに、北海道・新千歳空港に飛んだ。レンタカーを運転し、国道36号線を札幌市方面に向かって40分ほど走る。北広島市内に入って側道を折れ、しばらく行くと砂利道になる。すると、プレハブ小屋がいくつか見えてきた。

かつてそこに「ワンちゃんの里親ホーム」と称する、捨て犬引き取り施設があった。

「これ以上悲しいわんこが増えない様に、良いセカンドオーナーにめぐり会える様に。共に暮らせなくなった愛犬を引き取る（中略）民間施設ができたことを覚えておいてください」

そんな広告が、札幌市を中心に配られるフリーペーパーなどに載るようになったのは、2008年初夏だった。

犬種や年齢、血統書の有無によって金額は異なるが、ある程度の引き取り料金を犬を手放す飼い主から集めていた。さらに、それらの犬がほしいという新たな飼い主からも2万円程度を取る、というビジネスモデル。

北海道北広島市で営業していた捨て犬引き取り施設が破綻した。そこには、餓死したと思われる犬の死骸が数多く放置されていた。

09年春先には約１００匹の犬がこの施設で目撃されているが、この時点で崩壊の兆しがあったという。世話にあたるのは経営者の妻と2人の従業員だけだったと見られ、小型犬は積み上げられたケージのなかに入れっぱなし、大型犬はプレハブのなかに詰め込まれるようにして過ごしていたようだ。

この年の3月、地元の動物愛護団体が問題視し、この施設に立ち入った。メンバーらが目撃したのは、犬たちの死骸《しがい》だった。ケージのなかで凍りついたゴールデンレトリーバー、カラスに食べられた形跡のあるチワワ、あばらの浮き出たフレンチブルドッグ……。約20匹を火葬したという。

犬たちが生活していた犬舎には糞《ふん》が約10センチも堆積《たいせき》していて、片付けるとその下からエサ皿が出てきた。生きていた犬たちはポメラニアンやシュナウザー、ダックスフントなど小型犬を中心に約80匹。多くは手足や毛に糞がからみつき、がりがりにやせ細った状態だった。ボランティアらの手によってシャンプーをしてもらい、エサを与えられ、いまはすべてが新たな飼い主の手に渡った。

里親ホームを経営していた男性は「経営が立ち行かなくなった」として一時、姿を消したという。破綻《はたん》の直前には、若く健康な犬たちを繁殖犬として他の業者に売り払っていたことも後に発覚した。

なぜ、このようなずさんな事業が行われていたのか。事情をよく知る札幌市内のペットショップ経営者を訪ねた。

「彼は元々ブリーダーをやっていた。札幌市を中心に多店舗展開している大手ペットショップチェーンとも取引をしていた。副業的に里親ホームを始めたようだ。しかし犬を集めることで稼ぐビジネスモデルであり、数多く集めることに集中しすぎた結果、破綻してしまったのだろう。ビジネスにするには無理があったと思う」

北海道の「事件」より少し前から、ＪＲ宇都宮駅（栃木県）からほど近い住宅街でも、似たようなことが起きていた。

05年5月、宇都宮市内に住む50歳代の男性がＮＰＯ法人「動物愛護福祉協会」を立ち上げ、自宅と見られる平屋に捨て犬を引き取る事業を始めた。

「ペットを家庭の事情で手放す方、私たちが最後まで面倒を見ます」

「犬・猫を殺せば（中略）それにふさわしい報いがあると思います。殺す前に私どもにご相談下さい」

地元紙の情報欄やタウンページなどにそんな広告を載せ、捨て犬を募った。引き受ける際には、必要経費や引取手数料などとして飼い主から1匹につき1万〜3万円を取ったという。

だが飼い主らとのトラブルがすぐに浮上する。このNPOに犬や猫を引き取ってもらった一部の飼い主が、事情が変わったので返してもらったところ、わずか数日なのに糞尿まみれになっていたり、やせ細っていたりするケースが相次いだ。

飼育環境の劣悪さから、周辺住民との軋轢《あつれき》も生じた。住民らは、例えば07年8月、屋外にいる犬たちが熱せられたコンクリートに足をつけていることができず、常に四肢を上下している様子を目撃した。動物の死骸引取業者の車が男性宅に乗り付け、男性が犬を投げ込んでいる姿も繰り返し確認した。あたりには悪臭が満ち、悲鳴のような犬の鳴き声で、住民たちの眠れない日々が続いた。

08年12月には「負傷した迷子犬を発見した」などという理由で、2度にわたり計8匹の犬を男性が宇都宮市保健所に持ち込んだことも確認されている。同じ月には市議会でも取り上げられ、問題が顕在化した。

そして09年3月までに、男性は自宅にいた成犬5匹、子犬11匹、猫6匹のすべてを宇都宮市保健所に引き渡し、活動を停止した。こうしたなかで、年間の引取手数料収人は120万円から150万円に上っていたと見られる。飼い主らに提示された手数料の額から類推すれば年間50、60匹の引き取りがあった計算になるが、最終的に男性宅にいた犬猫はわずか20匹あまり。残りの犬や猫たちがどこにいったのか、まだわかっていない。

犬たちの行方を知りたくて、09年7月、男性の自宅を訪ねた。平屋の周りには雑草が生い茂っていた。インターホンを押すと、勝手口から男性は姿を現した。名刺を渡し、動物愛護福祉協会についての取材だと告げると、男性は怒鳴り声を上げて戸を閉ざした。

10年6月までに、栃木県警宇都宮中央署はこのNPO法人と男性を動物愛護法違反（虐待）と狂犬病予防法違反の疑いで宇都宮地検に書類送検した。飼い主から手数料を取って自宅に引き取った数匹の犬に満足なエサを与えず、また排泄《はいせつ》物の処理などの世話も怠り、衰弱死させた容疑だった。年1回の接種が義務付けられている狂犬病の予防注射も、数年間にわたり接種させていなかったという。

ショップも里親探し

ドイツのような、民間による「殺さない保護施設」の発展は望めないのか。

2008年10月、埼玉県越谷市にオープンした日本最大級のショッピングセンター「イオンレイクタウン」。この1階に入るペットショップ「ペコス」のなかほど、提携テナントによって子犬たちが展示販売されているその隣に、「ライフハウス」と名付けられた一角がある。常設の里親募集コーナーだ。常に3匹前後が、ここで里親を待っている。

すぐ隣に「無料」の犬がいれば、ペットショップの経営には悪影響を及ぼしかねない。業界では非常識ともいわれる試みだが、ペコスを経営するペット用品販売大手「ペットシティ」の豆鞘《まめさや》亮二社長は、こう話す。

「飼い犬が増えれば私たちのビジネスも成長します。でも結果的に、飼育放棄され、センターで殺される犬を作り出している側面もあります。ペットビジネスに携わる者として、果たすべき責任があると思っています。救える命ならば一匹でも助けたい。そんな思いで始めました」

埼玉県越谷市のペットショップ内に設けられた「里親募集コーナー」。殺処分目前の犬たちを自治体から引き取り、里親を探している。

埼玉県動物指導センターの協力で、社員が収容犬を引き出しに行く。センターでも独自に里親を探しているが、もらい手が見つけにくい雑種の成犬で、殺処分目前になってしまった犬を中心に引き受ける。

引き取った犬は、動物病院で健康チェックをし、トリミングサロンで洗い、しつけ教室のトレーナーが飼い犬として必要最低限のしつけをする。いずれもペコスにテナントとして入っている業者が協力してくれる。エサもテナントの生体販売業者が無償で提供し、朝晩の散歩はペコスの店員が担当する。

最初に引き出してきた3匹は10月末までに里親が見つかった。それぞれ複数の家族が引き取りを希望したが、家族構成や飼育条件などを吟味し、その犬にとって最も相性が良さそうな里親を選んだ。ペコスの藤崎恵弥《えみ》さんはいう。

「一度捨てられたワンちゃんなので、もう二度とそういうことがないよう、それなりに里親の方は選ばせていただきます」

里親募集コーナーの開設から約2年、これまでに33匹（10年7月現在）が新たな飼い主に引き取られていったという。

ペットシティによる里親募集の取り組みはこの店舗以外にも広がっており、いまでは埼玉のほか北海道、群馬、千葉、愛知の計10店舗にコーナーが設けられている。ゆくゆくは、約110あるすべての店舗で同様の取り組みを行っていく計画だ。

大手ペットショップチェーン「ペッツファースト」は07年、飼えなくなった犬を引き取る事業を栃木県日光市内の約10万平方メートルの敷地で始めた。獣医師がおりドッグランも備えている。ただ、飼い主の負担は高額だ。終生預かりだと150万～380万円にのぼり、預かってもらいながら次の飼い主を探すプログラムでも最低15万円かかる。正宗伸《まさむねしん》麻《ま》社長はこう話す。

「私たちには、販売した犬が捨てられるケースまで想定する責任があると思う。ただボランティアでは続けられない。有料にして収益が上がるようにしなければ、多くの命は救えません」

民間企業の取り組み以外にも、自治体から捨て犬を引き出し、里親を見つけようと日々活動している動物愛護団体は少なくない。ただ、ほとんどが個人の努力と身近な人たちからの寄付金でまかなわれており、おのずと活動の規模は限られてくる。ドイツのようにティアハイムに数億円単位で寄付が集まり、職員が給料をもらって活動するような状況にはまだ達していない。

どうすればいいのか。前出の吉田特任教授はドイツの事例を参考に、こう提言する。

「寄付に関する税制と国民意識を変えれば日本でもボランティアビジネスが成立するはずです。犬税を目的税として導入することも真剣に検討すべきです」

第5章 動物愛護法改正に向けて

2010年6月16日、東京・九段の日本武道館にほど近い農林水産省三番町共用会議所。そこでこの日、環境省の中央環境審議会動物愛護部会が開催された。

集められたのは林良博・東京農業大学教授（部会長）や臼井玲子・日本愛玩動物協会理事、永村武美《たけみ》・ジャパンケネルクラブ理事長（ともに臨時委員）ら動物愛護にかかわりのある識者ら9人。事務局は環境省が務め、田島一成《いっせい》環境副大臣も出席した。

動物愛護法（1973年制定）は、05年改正で加えられたその附則第9条で「施行後5年を目途として」見直し、必要があれば法改正を行うよう定められている。11年度、そのタイミングが来る。動物愛護法の改正に向けた議論がこの日、始まったのだ。

「8週齢規制」が焦点に

会議の冒頭、環境省の西山理行《みちゆき》動物愛護管理室長はこう切り出した。

「前回は動物取扱業について届出制から登録制にしたり、あるいは罰則を若干強化したりと、かなり大きな改正を行った。しかし残念ながら、その後も不適切な飼い方、売り方などの事例が後を絶たない。現状では、不幸な動物が国内にたくさんいるといわざるを得ません」

続いて、部会の事務局を務める環境省の担当者が9項目にわたる「主要課題」を読み上げていった。その量は膨大なものとなったが、中心となったのはやはり、「動物取扱業の適正化」だった。

現時点での環境省の考え方を確認し、問題点を整理するためにも、当日配布された資料から、主なものをいくつか抜き出しておく。

・深夜販売禁止等の具体的数値規制の検討

繁華街などで深夜に営業しているペットショップが衝動買いの舞台になっていることは第1章で述べた。そうした営業形態を規制するために、生体の販売時間について「午後9時まで」などと具体的な規制を検討しようというものだ。

・特定の店舗を持たない販売形態規制の検討

ペットショップなどがデパートの屋上やホームセンターの駐車場、大規模イベントなどに一時的に子犬や子猫を持ち込み、販売する、いわゆる「移動販売」の禁止を検討するということ。

・対面販売を行わない販売形態規制の検討

インターネット販売の規制を狙っている。ペットショップにどんな子犬や子猫がいるのかをネット上で紹介することは問題ないが、実際に買う際には対面で説明を受けてからでなければいけない、という方向で検討が進みそうだ。

・販売日齢制限の具体的数値規制の検討

第2章で取り上げた「8週齢（生後56日）規制」の問題。環境省も数値的規制が必要だと考えており、具体的な日齢を定めた規制の導入まで持っていきたいようだ。

・動物取扱業について、登録制から許可制に強化する必要性の検討

現行法では、動物の販売などを行う業者はその事業所のある都道府県知事等に申請し、登録を受けなければいけない。これを許可制にできないか、検討するということだ。

後日、環境省の担当者に話を聞いた。

「ネット販売、移動販売、深夜販売についての規制は絶対に実現したいという思いでいます。８週齢規制の問題についても大きな議論になるでしょう。実際に何日で規制をするのか、詰めていくことになると思います。またペットオークションについては、移動販売の範疇《はんちゅう》で検討できるのではないかと考えています」

こうした行政側の姿勢に対して、規制を強化される側のペット流通業者たちはどう考えているのか。

全国ペット協会（ＺＰＫ）副会長の太田勝典氏は、この動物愛護部会の臨時委員を務めている。太田氏は、神奈川県内を中心にペットショップチェーンを展開する経営者でもある。その太田氏は６月16日の部会の席上、こんな発言をしている。

「今回の見直しの主要課題の多くが動物取扱業に関してということになっています。業界のレベルが上がってこないために法の見直しをすることは、同業の一人として残念です。私たちも、一部業者のために非常に肩身の狭い思いをしているのです。今回の法改正で、悪い業者はどんどん摘発する、そして良い業者だけが残れるような動物愛護法になればいいと考えております」

愛犬政治家たち

法改正に向けた道筋が、確かなものになりつつある。そしてその歩みを後押ししそうなのが、「愛犬政治家」たちの存在だ。

現在の与党である民主党。そのマニフェストは政権を取った途端に数々の政策が反故になったと悪評高いが、２００９年8月の総選挙の際に発表した政策集ではこう掲げていた。

「不幸にも捨てられた犬猫が殺処分されないよう（中略）尽力します」

実は、民主党の国会議員には愛犬家が多い。アエラ緊急増刊「民主党がわかる」（09年10月25日号）を発行するにあたって行った民主党衆院議員３０８人へのアンケートで、少なくとも52人が計65匹の犬を飼っていることがわかっている。猫や金魚なども含めると86人が何らかの動物を飼っていた。

政権交代を果たした直後の09年10月、民主党の愛犬家議員たちを取材した。

09年8月に行われた総選挙の翌日、衆議院の解散以来40日間にわたった選挙戦を終え、山岡賢次衆院議員は久しぶりに東京都内の自宅に戻った。いつもなら足音を聞きつけて出迎えてくれる秋田犬・艮《ごん》（メス）の姿が、この日はなかったという。おかしいな、と思い名前を呼んでみた。

「艮ちゃん」

反応がない。甘えん坊で、頭をなでると体ごとすり寄ってきてくれるはずなのに、ほえ声すら聞こえなかった。

選挙期間中に亡くなっていたことを、この時に初めて知らされた。山岡さんがショックを受けると思い、家族は艮の死を告げていなかったのだ。

「炎天下の選挙戦で私自身、死にそうな思いをしていたのだけど、そんな私の身代わりになって死んだんじゃないかと思ってね。まだ8歳くらい。本当に不憫《ふびん》でしかたがない」

山岡さんは艮のほかに、いずれもメスの甲斐《かい》犬・於大《おだい》、雑種・ハッピーを飼っている。激務の合間の癒やしであり、大切な存在。愛犬たちは「娘」そのものだという。

特に地元・栃木県で飼っているハッピーは、自身のホームページで「娘」として紹介するほど溺愛《できあい》している。１９９７年のある朝、新聞を取りに外に出ると、迷子の子犬が座っていた。それがハッピーだった。以来、

「娘ができました。色白でかわいいんです」

そう支援者らに紹介するのが、うれしくて仕方がない。ちぎれんばかりに尾を振ってくれ、近寄ってきたらほおずりをする。至福の時だという。

独立心が強い甲斐犬の於大は、山岡さん夫妻以外には決して近寄っていかない。尾も振らない。それがまた、かわいい。

艮の生まれ変わりと思って最近、秋田犬のはなこを飼い始めた。国会内の一室で、はなこの写真を取り出して見せ、山岡さんは目を細めた。

「このコは大きくなるぞ。犬はずっとそばにいてくれるんだよ。どの犬も皆ね。純粋な愛情には本当にいつも癒やされる」


動物愛護法を所管する環境省。その環境省の副大臣には田島一成衆院議員が就いている。

JR彦根駅（滋賀県彦根市）から車で10分ほどの田島さん宅を訪ねると、雑種ばかり5匹がにぎやかに迎えてくれた。

最長老のヒデ（オス）は16、17年前、知人宅で生まれた子犬を、飼い主が見つからないのでもらってきた。メスのミクは06年3月、県の動物保護管理センターから引き出してきた元捨て犬。物静かな白いメス犬のパクは数年前、田島さん宅にふらりと現れた迷子犬。07年の春にミクが産んだのがクン（メス）とシロシ（オス）。というわけで現在に至る。

「それぞれに特徴があって、どいつもこいつも本当にかわいいいんです」（田島さん）

ミクはしっぽの振り方がオーバーで、一緒にお尻まで動かす。クンはすぐにおなかを見せて、なでてもらいたがる。ヒデは高齢なのに、最近ようやく落ち着いてきた……。

「迷子犬でも絶対に助けるのが我が家の流儀です。無責任な飼い主に怒りを感じる」

そう話す田島さんは、子どものころから犬を飼ってきた。その分、たくさんの別れも経験した。だからなおさら、毎年10万匹近い捨て犬が殺処分されている現実が、切ない。

「犬を飼う覚悟が備わっていないのに、ブームだからと飼うような人が多すぎます。一方でペットショップはビジネス優先で、売った犬の行く末を顧みない。極めて残念。より厳格な規制も含めた動物愛護法の改正に着手すべきだと考えています」

ベテランから1年生議員まで

動物愛護法の改正にあたり、国会の環境委員会が議論の場になる。民主党政権が発足してすぐに衆院環境委員長に就任したのが樽床伸二《たるとこしんじ》衆院議員。いまは党国対委員長を務める。その樽床氏は、地元・大阪府の自宅に帰ると柴犬《しばいぬ》の華《はな》（メス）とポメラニアンの獅子丸《ししまる》（オス）と一緒に寝ている。

ずっと犬が怖かったが、どうしても飼いたいという妻の熱意に負けて98年、華をブリーダーから購入した。繁殖犬に使われる予定だったが、一目見て「どうしてもこの子」と思い、譲ってもらったという。獅子丸は２００５年総選挙に落選して浪人をしていたころ、「家族の一員」になった。

華が家にやってきたその日のうちに、樽床さんの犬恐怖症は治ったのだという。樽床さんは華を抱きかかえながら、こう話す。

「戸別訪問をしていて、犬がいる家の呼び鈴を鳴らすのも怖かったんです。華ちゃんのおかげで全く平気になりました」

ソファに座っていると寄り添ってくる華を見つめ、「年とったなあ。お疲れやな」と声をかける。家中を駆け回る獅子丸には「おまえ、ホントにアホやなあ」とほほえむ。いまではすっかり「犬バカ」になったと自覚している。

「犬は家族の一員ですわ。一緒にいるのが当たり前。捨てるなんてことようするな、と思

樽床伸二衆院議員
華（左）と獅子丸（右）は家族の一員。樽床さんが大阪府内の自宅に帰ると、2匹は玄関で迎えてくれる。

田島一成衆院議員
捨て犬や迷子犬だった犬ばかり5匹を飼っている。「無責任なペットショップや飼い主には怒りを禁じ得ません」

岡本英子衆院議員
「ペット業界のあり方には問題がある」と考える。もう10年以上、動物愛護のボランティアを続けている。

います。そんな人、飼う資格ないでしょ」

ベテランだけでなく1年生議員にも、動物愛護に強い思いを抱く議員がいる。元横浜市議で神奈川3区選出の岡本英子《えいこ》衆院議員は、10年以上前から動物愛護に携わってきた。

市議時代にボランティア団体を立ち上げ、毎年数回バザーを開き、その収益で、動物愛護団体に保護された捨て犬や野良猫の避妊・去勢手術に補助金を出してきた。捨て犬の里親が見つかるまでの「預かり」ボランティアもやっており、これまでに5匹を送り出してきたという。ボランティア活動を通じて、たくさんの不幸な犬たちに出会ってきた岡本さんは、こう訴える。

「捨てられた犬の恐怖心は計り知れないほど大きいことを知ってほしい」

いま飼っているゴールデンレトリーバーのブライアン（オス）は03年、近隣自治体の保健所に捨てられていたのを引き出し、自ら里親になった。雑種のボク（オス）は迷子犬を保護して、そのまま飼い続けている。15年来のパートナーであるチワワのプリン（メス）もいる。市議として議会でたびたび質問をし、横浜市の動物愛護行政を前進させてきた実績も持つ。

「動物を売買して利益を得ているペットショップがあり、その後始末を莫大《ばくだい》な税金を使って殺処分という方法で行っている。先進国のなかでこんな状況が許されているのは日本だけです」

そんな民主党で、動物愛護に特に熱心なことで有名なのが、鳩山由紀夫前首相の「側近」といわれる松野頼久衆院議員だ。野党時代から衆院環境委員会で何度も犬猫の殺処分問題について質問し、これまでに動物愛護にかかわる予算措置や関係省庁による通知を引き出してきた。

自身もチワワとヨークシャーテリアを飼っている。09年総選挙が終わった直後、取材に応じてくれた松野さんはこう断言した。

「殺処分の問題については絶対に取り組まないといけない。悪質なペットショップには退場いただくべきだと考えています。現行法でやれることもありますが、動物愛護法改正に向けてしっかり議論をしていく必要があります」

09年11月には、城島光力《じょうじまこうりき》衆院議員が中心となって「犬・猫等の殺処分を禁止する議員連盟」が立ち上がった。獣医師免許を持つ城島さんが会長に就き、生方幸夫《うぶかたゆきお》衆院議員が事務局長を務める。現在、名を連ねる民主党の国会議員は60人を超えているという。議員会館の一室で、城島さんはこう話した。

「殺処分はなんとかゼロに近づけていかなければいけない。ペットの流通・小売業は、ずっと手をつけることができなかったために、現実のほうが先行しすぎている。早く規制をかけなければいけない。『8週齢規制』は、今度の動物愛護法改正において大きなポイントになるだろうが、獣医師としても、これは必ず盛り込めるようにしたい」

超党派で法改正実現を

いまは野党となってしまった自民党にも愛犬家は多い。自民党にも「動物愛護管理推進議員連盟（どうぶつ議連）」があり、与党時代から活発に活動を続けてきた。野田聖子衆院議員や藤野真紀子元衆院議員はその代表的存在だろう。

藤野さんは以前から、捨て犬の里親になったり、動物愛護団体の活動にかかわったり、精力的に犬の殺処分の問題に取り組んでいる。衆院議員時代には悪質なペット流通業者の視察なども行い、動物愛護行政の前進に努めてきた。いまは料理研究家に戻ったが、その情熱は衰えていない。藤野さんはいう。

藤野真紀子さん
殺処分寸前だったジョイや
ＮＡＮＡ（左から）を助け
出し、育てている藤野さん。
衆院議員時代も犬の殺処分
問題に精力的に取り組んだ。
（写真は本人提供）

「ペットショップの店頭にあふれるように子犬が展示されている現状を、なんとか変えないといけません。犬を飼う場合、まずは愛護センターから引き出すことを検討するのが常識、という社会を作っていきたいのです」

野田聖子さんも、2匹のフレンチブルドッグと暮らす愛犬家だ。

「このコたちを命がけで育てています。引っ越す時も犬が住めるところを最優先に物件を探しました」

苦労に勝る安らぎを、2匹からもらっていると話す。消費者行政担当相を務めていた2009年2月、取材にこう答えてくれている。少し長くなるが、引用したい。

「先日の夜、銀座で食事をした帰りに、新しいペットショップができているのに気付きました。そのお店は、まだとても幼い子犬を、深夜まで売っていました。そもそも、なぜ深夜に犬を買う必要があるのでしょう。銀座はわざわざ犬を買いに来るような場所でしょうか。うがった見方かもしれませんが、銀座で飲んで気が大きくなったところに『かわいいから買っちゃおう』と思わせるのが狙いと考えられなくもないのです。

犬は間違いなく命です。その命があまりに安易に流通し、モノのように廃棄されています。日本の国の矜持《きょうじ》として、命を粗末にしているいまのような状況を野放しにしていてはいけません。ペット産業の市場規模は1兆円ともいわれます。健全に成長させていくためにも、私は命の売り手であるペットショップに厳しい規制をかけるべきだと考えています。規制緩和の流れもありますが、命に直結するような産業にはモラルを問うためにも規制が必要なのです。

もちろん責任感のなさすぎる飼い主の存在も問題です。飼い主の啓発も同時にすすめるべきですが、こちらはどうしても時間がかかる。その間に毎年10万匹近くの犬たちが殺されてしまいます。まずは入り口を絞らなければいけません。売り手の側を厳格に規制し、モラルの高い売り主になってもらう。その上で購入者にきちんとした指導をしてもらう。営業時間も、子犬の体調のことを考えれば、例えば午前10時から午後4時までと決めてもいい。銀行だって午後3時には閉まるんですから。

いままで、日本の行政は動物に対して軸がなかったと感じています。これからは、日本は動物の命を大切にする国なのだと示す法律を作っていくべきだと思っています」

10年8月には、中央環境審議会動物愛護部会の下に小委員会が立ち上がった。環境省によるとそこで、法改正に向けた議論を深めていくという。

一方で、流通・小売業者らの「巻き返し」も始まっている。前回、05年の動物愛護法見直しの際は「8週齢規制」が業界側の反対に押し切られ、実現できなかった経緯がある。今回も、小委員会のなかには業界の「利益代弁者」が少なからず入っている。委員の選考過程について、環境省はこう説明する。

「規制が必要だと考える側とその規制をかけられる側の双方から、それぞれの考えや立場を代表できる方々を集めた」

8月10日、東京・霞が関にある環境省の一室で開かれた1回目の小委員会では早速、一部の委員から動物愛護法の見直しに疑義が呈された。

「なぜ動物愛護法を改正する必要があるのか。誰が変えろといっているんだ」

ある委員は、そんな論陣を張ったという。

また委員に選ばれた学識経験者のうち複数人が、10年8月に発行されたあるペット業界誌の座談会に登場し、8週齢規制について慎重論を展開してもいる。

「法律に具体的な数値を書き入れることは危険だという思いはある」

「これがすべての犬種にあてはまるかは難しいところ」

そんなふうに見解を述べているのだ。この業界誌を発行する会社の代表は、ＺＰＫの事務局長を務めており、その社内にＺＰＫの事務局が置かれている。ＺＰＫの広報担当を担っているのもこの会社だ。

それでも、順調に行けば11年10月までに「小委員会報告書」がまとまり、改正法案の作成がスタートする。そして12年2月に始まる通常国会に改正法案を提出し、その成立を目指す。10年7月の参院選の結果「ねじれ国会」となってはいるが、こと命に関する法案だけに、超党派の国会議員による法案成立を期待したい。

筆者が一連の取材を通して出会ってきた犬たちの多くは、もうこの世にはいない。流通・小売業者によって幼くして親犬から引き離され、無責任な飼い主に買われ、そして捨てられた。その最期は、ほとんどの場合、冷たい箱のなかでの窒息死だった。業者によって自治体に持ち込まれた犬たちは、短い一生を狭く、そして時に不潔なケージのなかだけで過ごし、殺処分されていった。

私たち人間の取り組みが一日遅れれば、その一日で数百匹の犬の命が無為に失われる。こんな理不尽なことを続けていていいはずがない。犬たちの声なき声を拾えるのは、やはり人間なのだ。

あとがき

私も犬を飼っています。メスの柴犬《しばいぬ》で、名前はさつきといいます。5月生まれだからという単純な由来なのですが、いろいろと熟慮を重ねた末にそう名付けました。

犬との暮らしというのは不思議なものです。我が家にやってきたその日から、さつきを中心に生活がまわり始めた気がします。でもそれが全く自然なことで、むしろ充実感を与えてくれるのです。室内で飼っていますから、子犬のころは所定の場所以外で粗相をしてしまい、手を焼きました。夫婦共働きなので昼間は長時間の留守番をしており、帰宅してみると部屋中が嵐にあったような状態になっていることもありました。散歩は平日の朝晩は妻の、休日の朝晩は私の係です。その散歩のおかげで近所づきあいが生まれたりもします。仕事を終え、深夜に帰宅すると、さつきは最大限の喜びを表明しながら出迎えてくれます。一日の疲れをその一瞬で吹き飛ばしてくれるのです。

私の両親はともに獣医師免許を持っており、父はいまも某大学の獣医学部で教鞭《きょうべん》を執っています。そのため子どものころから、犬はもちろんウズラ、ハムスター、モルモットなど常に何らかの動物が家にいる環境で育ちました。一方で、毎年たくさんの犬が捨てられ、殺処分されている現実も、記者という仕事をしていくなかでたびたび見聞きしてきました。そうして、いつか犬の殺処分の問題について記事を書きたいと思うようになりました。そんなところにある日、アエラの尾木和晴編集長から「犬の話、書いてみろよ」と後押しをいただきました。ちなみに尾木編集長も愛犬家です。アエラの公式ブログで愛犬ゆきちゃんとの日々を綴《つづ》っています。

　取材の現場で見聞きした現実は、想像以上にひどいものでした。犬をビジネスの道具としか考えない人々への取材では、違う言語で話しているのではないかと思うようなこともありました。道具でもここまで過酷には扱われないのではないかと憤りを感じるとともに、同じ人間として犬たちに申し訳ないと痛切に思うこともありました。

　ドイツ文学者で作家の故中野孝次《こうじ》氏は、その著書『ハラスのいた日々』で次のように書いています。

「犬もまたこの地球上に生きる一つのいのちである。しかも何千年来の人間の親しい友である。その親しいいのちへの想像力と共感を失うとき、人は人としてダメになってしまうにちがいない」

取材にご協力いただきました皆様には感謝の念に堪えません。また一連の記事を執筆するにあたり、尾木編集長、小境郁也《こざかいいくや》デスク、藤生《ふじう》明デスク（当時）にはたくさんの助言と励ましをいただきました。書籍化にあたっては書籍編集部の市川裕一《ゆういち》・一般書編集長にたいへんお世話になりました。皆様に、この場を借りてお礼申し上げます。

二〇一〇年八月

太田匡彦

巻末データ

主要自治体別

捨てられた犬の種類

犬にやさしい街は？

全106自治体
アンケート

捨てられた犬の種類

主要自治体別

	全犬種計（匹）	雑種（犬種不明を含む）	柴犬	ミニチュアダックスフント（ダックスフントを含む）	シーズー	ラブラドルレトリーバー	ゴールデンレトリーバー
29自治体計	12,138*	7,885	701	481	380	203	179
茨城県	1,332	1,142	25	18	9	5	11
栃木県	846	684	9	12	8	3	9
群馬県	856	565	54	34	12	10	9
埼玉県	709	505	40	18	16	4	10
千葉県	2,024	1,674	44	40	29	10	10
東京都	334	130	26	20	23	11	14
神奈川県	249	103	34	24	7	3	4
愛知県	543	364	32	24	21	6	11
京都府	526	398	28	6	19	4	5
大阪府	680	256	60	53	40	46	29
兵庫県	775	504	57	24	17	20	7
奈良県	288	181	19	2	20	4	3
札幌市	245	100	10	32	20	7	5
仙台市	131	55	17	6	5	3	1
さいたま市	97	62	8	3	6		1
千葉市	241	155	18	8	7	8	6
横浜市	139	40	20	18	13	6	2
川崎市	67	22	5	4	1	2	
新潟市	47	23	2	3	6	1	1
静岡市	164	107	15	6	9	4	1
浜松市	144	54	26	7	6	2	
名古屋市	292	104	41	33	15	7	4
京都市	172	75	13	12	12	5	2
大阪市	233	105	14	14	17		8
堺市	149	44	28	6	8	1	1
神戸市	192	71	15	16	10	4	8
広島市	152	51	24	16	10	4	5
北九州市	318	192	8	11	8	18	11
福岡市	178	119	9	11	6	5	1

●関東地方の1都6県、愛知県、近畿地方の2府2県、および政令指定都市の計20自治体が、2007年4月1日から08年3月31日までにそれぞれ受理した「犬の引取申請書」（自治体によって名称は異なる）をアエラ編集部が情報公開請求し、その内容をもとに集計した。各自治体ごとにどの犬種がどれだけ引き取られたのかを示している。原則として、負傷犬や迷子犬は含んでいない。

	ビーグル	マルチーズ	土佐犬	チワワ	ヨークシャーテリア	コーギー	秋田犬	プードル（トイプードルを含む）	ポメラニアン	パピヨン	シベリアンハスキー	紀州犬
	170	152	145	142	135	130	121	109*	99	74	67	63
	9	2	21	1	2		14		1	2	4	6
	12	5	18	17	11	6	3	5	4	12	3	
	7	12		7	5	4	7	13	12	6	4	11
	12	9	3	5	7	3	8	5	8	4	2	4
	16	3	52	9	2	7	19	5	2	1	3	4
	10	6		7	1	7	1	9	7	3	5	5
	4	2	3	5	4	7	5	3	2	3	5	2
	12	4	4	2	4	7		2	5	2	2	1
	5	3		2	21	1		2	5	1	3	2
	7	14	6	22	16	20	5	9	3	3	4	2
	11	6	11	16	5	12	2	5	12	4	3	9
	4	9	2	3	1	4	2	1	4		3	4
	6	5	3	4	2	3	1	3	1	3	3	1
	6	4	1	2	2	1	3		3	5	4	
	3	1		1	2		2					
	1	2	3	3	4	2	2		2	3	1	
	3	2		3		3	6	4	2	1	2	
	2	5		2	2	1	1	4	4	2		
	3			1		1	1			1		
	5	1		3				2		1	2	1
	8	4	1	3	3	3	4	3	1	3	1	1
	4	10		8	8	9	4	2	2	1	4	
	4	4		2	5	2		2	4	5	2	2
	5	6	7	4	13	5	3	5	2	1		1
	3	6	5	2	1	7	6	2	3	1	1	1
	2	4		4	9	8	2	3	7	2	3	
	4	4	2	3	1	3	1	1	2	2	1	2
	2	16	3		1	2	17	1	1	2	1	3
		3		1	3	2	2	3			1	1

＊プードル109匹中15匹は自治体不明。このためプードルと全犬種計の内訳を合算しても「29自治体計」と数字が合わない

	シェルティ	イングリッシュセッター	シュナウザー	シェパード	パグ	アメリカンコッカースパニエル	キャバリア	甲斐犬	ポインター	ミニチュアピンシャー
29自治体計	59	57	53	52	52	37	36	35	34	31
茨城県	2	7	2	3	2	2	3	5	5	
栃木県			2		2	1		1		
群馬県	3	5	4	4	1	1	4	12	1	3
埼玉県	6	6	3	2	1	4	5	2	3	
千葉県	5	23		16	4	2	2	2	11	3
東京都	5	1	9	2	4	2		3		2
神奈川県	2	1	2	1	2	2		1	3	3
愛知県	6	3		1	4	2				2
京都府	1							2	1	1
大阪府	3		2	1	9	3	2	1		2
兵庫県	2	2	5	3	4	2	3	1	1	3
奈良県	1			3				1		
札幌市	2	1	3		2	4	1			2
仙台市	2		1	4	1					
さいたま市							4			
千葉市	2	1		1	1	1			2	
横浜市	3	1	1		3	1	1		1	
川崎市	3	1					2		1	1
新潟市		1		1		1				
静岡市								1	1	
浜松市	1	1	2					1	1	
名古屋市		1	1	1	1	2	3		2	3
京都市	1		2	5	1		1			1
大阪市	3	1	2		4	1	1			2
堺市	5	1		2	1	2	1	1		1
神戸市			8		1					1
広島市			1	1		2	1	1	1	1
北九州市			2	1	2	2	1			
福岡市	1		1		2		1			

	ウエストハイランドホワイトテリア	ハウンド	グレートピレニーズ	ドーベルマン	バーニーズマウンテンドッグ	ボーダーコリー	イングリッシュコッカースパニエル	ジャックラッセルテリア	ダルメシアン	グレートデン	北海道犬	四国犬
	27	27	26	25	22	21	20	20	19	18	17	15
	2	4	3	3		2			2	1		
		1	1	1				2		8		
	12	7	1			3			6			
		2	2			2	1		1			1
	1		1	3	2	2	1	1	1	1	2	
							6	1	2		1	
	1				1	1	1			1		
		1	3	2	1		4		1			
				1		2		1				8
	2	2	8	1	13	3	1	6	1	4		1
		2		3	1		1	1	1		3	4
					1				1		1	1
	3		1			1			1		9	
	1								1			
	2		1	1						1		
								1			1	
									1			
		1										
	1	5										
			2	1	2	1		2				
	1			3								
					1		2	1		1		
				1			1					
			3			2	1	3				
				1				1				
				3		2	1					
	1	2		1						1		

	狆	イングリッシュスプリンガースパニエル	フレンチブルドッグ	ペキニーズ	アメリカンピットブルテリア	スピッツ	セントバーナード	ブルドッグ	ボクサー	イタリアングレーハウンド
29自治体計	15	13	13	11	10	10	10	10	8	7
茨城県					1		1	1		1
栃木県										
群馬県	1	1		1			1			2
埼玉県					1				1	
千葉県			1		3	1	1		1	
東京都				1	1				1	
神奈川県		1		1	2					
愛知県			1						1	
京都府			1				1	1		
大阪府		3	3	1		2	1	2		
兵庫県		1		1			4	1		
奈良県	12					1				
札幌市	2		1						2	
仙台市						1			1	
さいたま市		1			1					
千葉市		1								
横浜市				1						
川崎市				1						1
新潟市										
静岡市						1		1		
浜松市								1		
名古屋市			3	1	1	3		1		1
京都市		1				1				1
大阪市				1						
堺市		1	2					1		
神戸市										1
広島市			1	1			1			
北九州市		3		1					1	
福岡市								1		

	コリー	珍島犬	ブリタニー	エアデールテリア	チャウチャウ	バセットハウンド	ロットワイラー	ワイヤーフォックステリア	アラスカンマラミュート	ダンディディンモントテリア	ウィペット	サモエド
	7	6	6	5	5	5	5	5	4	4	3	3
	1		1				3					
									2			1
		2			2	1	1			1	2	
			1									1
	2		1						1			
						1	1			1		
											1	1
	2		3		1							
				5	1			1				
										1		
								1				
		1										
	1	1										
	1					1		1				
								1				
					1	1				1		
		2						1				
						1						
									1			

	ベドリントンテリア	ボストンテリア	ボルゾイ	アイリッシュセッター	オールドイングリッシュシープドッグ	ケアーンテリア	コイケルホンド	シーリハムテリア	トイマンチェスターテリア	ニューファンドランド
29自治体計	3	3	3	2	2	2	2	2	2	2
茨城県				1						
栃木県					1				1	
群馬県					1					
埼玉県						1				
千葉県										
東京都							2	1		1
神奈川県		1								
愛知県						1				
京都府			1							
大阪府										1
兵庫県										
奈良県										
札幌市										
仙台市				1						
さいたま市			1						1	
千葉市			1							
横浜市										
川崎市										
新潟市										
静岡市										
浜松市		1								
名古屋市								1		
京都市										
大阪市	3									
堺市										
神戸市		1								
広島市										
北九州市										
福岡市										

	バセンジー	ラサアプソ	アメリカンスタッフォードシャーテリア	スコティッシュテリア	チベタンテリア	ビションフリーゼ	プーリー	ベルジアンタービュレン	ベルジアンマリノア
	2	2	1	1	1	1	1	1	1
	1		1						
							1		
									1
	1								
		1							
				1				1	
		1			1				
						1			

全106自治体アンケート

犬にやさしい街は?

質問項目	北海道	
① 引き取り数（09年度実績）	2,266	
② 返還・譲渡数（同）	1,240	
③ 殺処分数（同）	1,026	
④ 返還・譲渡率（同）	55%	
⑤ 定時定点収集	廃止	
⑥ 引き取り担当者	獣医師	
⑦ 引き取り手数料	有料	
⑧ 引き取る際の飼い主の身元確認	×	
⑨ 引き取る際の動物取扱業者かどうかの確認	×	
⑩ 動物取扱業者からの引き取り	×	
⑪ 引き取った犬の保管期間	0～4日*	
⑫ 引き取った犬の情報のネット公開	○	
⑬ 成犬譲渡	○	
⑭ 愛護団体などへの団体譲渡	○	
⑮ 新たな飼い主などへ犬を譲渡する際の不妊手術	飼い主に指導	
⑯ 殺処分の頻度	施設の状況に応じて	
⑰ 殺処分の際の致死方法	麻酔薬を前投与後、薬品を投与	
⑱ 保管施設／殺処分の公開	△／×	
⑲ 殺処分数の削減目標	17年度までに06年度比半減	
⑳ 動物愛護イベント等の実施状況（09年度実績）	18／6200	
㉑ 各動物取扱業者への立入調査頻度	年1回以上	
㉒ 動物愛護担当職員の人数	17	
㉓ 上記のうち獣医師の人数	17	
㉔ 動物愛護推進協議会	設置済み	
㉕ 動物愛護推進員	委嘱済み	
㉖ 備考	譲渡対象犬の場合「保管期間」の取り決めはない	

●アエラ編集部が2010年5月、動物愛護法と狂犬病予防法に基づいて犬の引き取り業務を行っている全国106の自治体（47都道府県、19政令市、40中核市）にアンケートを送付し、すべての自治体から回答を得た。原則として10年5月現在の各自治体の状態を答えてもらっている。ただし①、②、③、④、⑳については09年度実績。《注》①捨て犬や迷子犬のほか狂犬病予防法に基づいて捕獲された犬や負傷犬を含む。③自治体によっては保管期間中に傷病死した犬も含む。④返還・譲渡された犬の数（②）を各自治体が引き取った犬の数（①）で割った値。⑱保管施設／殺処分の公開状況。○は一般公開、△は場合によって公開、×は非公開。⑳回数／のべ参加人数。各回答のうち★がついている項目は備考（㉖）を参照

	青森県	岩手県	宮城県	山形県	秋田県	福島県
	1,480	797	1,441	443	449	1,491
	368	347	690	301	77	380
	1,125	450	750	146	372	1,131
	25%	44%	48%	68%	17%	25%
	元々未実施	実施	廃止	廃止	廃止	元々未実施
	獣医師	獣医師、一般職員	獣医師	委託業者	獣医師	獣医師
	有料	有料	有料	有料	有料	有料
	×	○	×	×	×	○
	×	○	○	×	○	×
	○	×	×	○	×	×
	4日以上*	7～14日	1～14日	7～14日以上*	1日～3カ月	3日
	○	○	○	○	○	○
	○	○	○	○	○	○
	×	○	○	○	×	○
	飼い主に指導	飼い主に指導	飼い主に指導	飼い主に指導	一部実施、飼い主に指導	飼い主に指導
	毎週水・金	週1回	毎週金	毎週木	週1回	週1回
	殺処分機への二酸化炭素ガス注入	殺処分機への二酸化炭素ガス注入*	殺所分機への二酸化炭素ガス注入	殺処分機への二酸化炭素ガス注入	殺処分機への二酸化炭素ガス注入*	殺処分機への二酸化炭素ガス注入
	△／×	△／×	○／○	△／×	○／△	×／×
	17年度までに06年度比30%減	無し	17年度までに半減	17年度までに06年度比70%以下	17年度までに07年度比半減	無し
	3／8963	7／1130	42／4570	1／1500	38／4341	1／500
	苦情時	年1回以上	年1回以上	苦情、事故時	年1回以上	年1回以上、随時
	21	38	11	15	33	24
	8	21	11	8	27	24
	未設置	設置済み	未設置	未設置	設置済み	未設置
	未委嘱	委嘱済み	委嘱済み	未委嘱	委嘱済み	未委嘱
	飼い主が捨てに来た犬の「保管期間」は3日以上	一度に殺処分する数が少ない場合「致死方法」は獣医師が薬剤注射		譲渡可能犬の場合「保管期間」は14日以上	子犬、負傷犬の「致死方法」は獣医師が麻酔薬投与	

	茨城県	栃木県	群馬県	埼玉県	東京都	神奈川県
①	4,958	1,950	2,286	2,855	1,317*	784
②	878	328	687	1,192	1,054	565
③	4,108	1,622	1,599	1,695	253	284
④	18%	17%	30%	42%	80%	72%
⑤	廃止	実施	元々未実施	廃止	元々未実施	廃止
⑥	獣医師、一般職員	一般職員、委託業者	獣医師、一般職員	獣医師、一般職員	獣医師	獣医師
⑦	有料	有料	有料	有料	有料	有料
⑧	○	×	○	○	○	○
⑨	○	○	○	○	○	○
⑩	○	×	○	○	×	×
⑪	5日	0～4日	0～14日	1～3日	7日	0日～2カ月
⑫	○	○	○	○	○	○
⑬	○	○	○	○	○	○
⑭	○	×	○	○	○	○
⑮	飼い主に指導	飼い主に指導	飼い主に指導	飼い主に指導	飼い主に指導	一部実施、飼い主に指導
⑯	平日毎日	週3回	毎週火	週2回	平日毎日	月10回程度
⑰	殺処分機への二酸化炭素ガス注入*	殺処分機への二酸化炭素ガス注入	殺処分機への二酸化炭素ガス注入	殺処分機への二酸化炭素ガス注入*	殺処分機への二酸化炭素ガス注入*	獣医師が麻酔薬注射後、薬剤投与*
⑱	○／△	○／△	△／△	△／×	○／×	△／×
⑲	将来的にゼロ	12年度5600匹、17年度3100匹*	17年度までに半減	17年度までに06年度比半減	16年度までに06年度比55％減	17年度までに06年度比半減
⑳	9／6680	129／1807	1／12000	2／1579	1／12000	1／120
㉑	苦情時	5年に1回、苦情時	年1回、苦情時	随時*	苦情時	苦情時*
㉒	33	37	37	94	40	36
㉓	11	17	16	61	40	24
㉔	設置済み	設置済み	設置済み	設置済み	設置済み	設置済み
㉕	委嘱済み	委嘱済み	委嘱済み	委嘱済み	委嘱済み	委嘱済み
㉖	子犬の「致死方法」は麻酔薬を前投与	「殺処分数の削減目標」に宇都宮市分も含む		子犬の「致死方法」は麻酔薬注射。「動物取扱業者への立入調査頻度」は各保健所ごとに決定	「引き取り数」は速報値。子犬、老齢犬、負傷犬の「致死方法」は獣医師が麻酔薬注射	1度の数が多い場合「致死方法」は殺処分機による二酸化炭素ガス注入。多頭飼育施設の「各動物取扱業者への立入調査頻度」は半年に1回

	千葉県	新潟県	富山県	岐阜県	長野県	石川県
	4,250	573	298	1,221	1,380	388
	1,627	437	170	676	1,035	267
	2,641	141	109	545	340	123
	38%	76%	57%	55%	75%	69%
	実施	廃止	元々未実施	元々未実施	元々未実施	元々未実施
	獣医師	獣医師	獣医師	獣医師、一般職員	獣医師、一般職員	獣医師
	有料	有料	有料	無料*	有料	有料
	×	○	×	×	×	×
	○	○	×	×	○	○
	○	×	○	○	○	×
	5日*	3～10日	3～12日	3日以上	1日～1カ月	10日
	○	○	○	○	○	○
	○	○	○	○	○	○
	○	○	×	×	○	○
	飼い主に指導	飼い主に指導	飼い主に指導	飼い主に指導	実施、飼い主に指導	飼い主に指導
	毎週火・水・木・金	動物の状況に応じて	毎週金	週1回	毎週水または木	毎週金
	殺処分機への二酸化炭素ガス注入	獣医師が麻酔処置後、薬剤投与	殺処分機への二酸化炭素ガス注入	殺処分機への二酸化炭素ガス注入	殺処分機への二酸化炭素ガス注入*	殺処分機への二酸化炭素ガス注入
	○／×	△／×	×／×	○／×	○／△	△／×
	無し	17年度までに半減	無し	17年度までに07年度比半減	無し	17年度までに半減
	1／907	6／5920	9／920	1／8000	1／16200	1／3000
	年1回、苦情時	年1回以上	年1回、苦情時	苦情時	年1、2回	年1回、苦情時
	50	43	22	23	37	20
	50	25	21	11	24	10
	設置済み	未設置	設置済み	設置済み	設置済み	未設置
	委嘱済み	委嘱済み	委嘱済み	委嘱済み	委嘱済み	委嘱済み
	譲渡可能犬の場合「保管期間」は14日程度			「引き取り手数料」は10年10月から有料	子犬、負傷犬の「致死方法」は獣医師が麻酔薬投与	

	福井県	山梨県	静岡県	愛知県	三重県	滋賀県
①	474	1,060	911	2,482	1,442*	892
②	283	624	336	1,116	404*	367
③	191	436	574	1,366	1,034*	525
④	60%	59%	37%	45%	28%*	41%
⑤	元々未実施	実施	実施	廃止	元々未実施	元々未実施
⑥	獣医師、一般職員	獣医師、一般職員	獣医師	獣医師	獣医師、一般職員、委託業者	獣医師
⑦	有料	有料	有料	無料	有料	無料*
⑧	×	○	○	×	×	○
⑨	○	×	○	○	○	×
⑩	○	×	×	×	○	○
⑪	1～4日以上	0～4日	3～5日	7日以上	1～5日	7～11日
⑫	○	○	×*	×	○	○
⑬	○	○	○	○	○	○
⑭	○	○	○	○	×	×
⑮	飼い主に指導	飼い主に指導	飼い主に指導	実施、飼い主に指導	飼い主に指導	飼い主に指導
⑯	動物の状況に応じて	週2回	週1回	月3回	毎週火・水・木	週1回
⑰	鎮静・鎮痛薬と筋弛緩薬の注射	殺処分機への二酸化炭素ガス注入	殺処分機への二酸化炭素ガス注入	殺処分機への二酸化炭素ガス注入*	殺処分機への二酸化炭素ガス注入	殺処分機への二酸化炭素ガス注入
⑱	△／×	×／×	△／×	△／×	○／△	○／△
⑲	17年度までに1000頭以下	17年度までに06年度比50％以下	17年度までに半減	06年度から10年で半減	無し	17年までに殺処分率40％
⑳	4／1123	1／1100	60／9000	4／1269	1／15062	165／5364
㉑	年1回、苦情時	年1回、苦情時	2年に1回、苦情時	2年に1回、苦情時	定期監視、苦情時*	多頭飼育施設年1回、苦情時
㉒	7	14	22	40	11	8
㉓	6	9	20	11	11	8
㉔	未設置	未設置	未設置	未設置	設置済み	設置済み
㉕	未委嘱	委嘱済み	委嘱済み	未委嘱	委嘱済み	委嘱済み
㉖			「引き取った犬のネット公開」は10年度から実施予定	子犬、負傷犬の「致死方法」は薬剤投与	「引き取り数」「返還・譲渡数」「殺処分数」「返還・譲渡率」は四日市市分を含む。「各動物取扱業者への立入調査頻度」で定期監視とあるのは、登録全施設の20％を目安にしている	「引き取り手数料」は10年7月から有料

	京都府	大阪府	兵庫県	奈良県	和歌山県	鳥取県
	555	1,198	1,682	732	953	540
	251	358	214	89	276	173
	321	851	1,492	643	677	367
	45%	30%	13%	12%	29%	32%
	実施	元々未実施	廃止	元々未実施	元々未実施	実施
	一般職員	獣医師	獣医師、一般職員	獣医師、一般職員	獣医師、一般職員	獣医師、一般職員
	有料	有料	有料	無料*	有料	有料
	○	×	×	×	○	×
	×	×	○	×	○	×
	不明	不明	○	○	×	×
	7日以内	1～7日	1～7日	7日以上	3日以上	4日
	○	○	×	○	×	○
	○	○	○	○	○	○
	×	○	×	×	×	×
	一部実施、飼い主に指導	飼い主に指導	実施、飼い主に指導	飼い主に指導	一部実施、飼い主に指導	飼い主に指導
	週1回	動物の状況に応じて	平日毎日	週1回	毎週金	毎週金
	殺処分機への二酸化炭酸ガス注入*	獣医師が麻酔薬注射	殺処分機への二酸化炭酸ガス注入*	殺処分機への二酸化炭素ガス注入*	殺処分機への二酸化炭素ガス注入*	殺処分機への二酸化炭素ガス注入*
	○／×	○／×	○／×	△／△	×／×	△／×
	無し	無し	限りなくゼロに近づけていく	13年度までに08年度比半減、最終的にゼロ	17年度までに06年度比半減	無し
	1／100	2／10400	1958／41527	8／10000	4／28850	1／300
	3年に1回以上、苦情時	多頭飼育施設年1回以上、苦情時	半年から2年に1回	年1回以上、苦情時	年1回、苦情時	不定期、苦情時
	36	87	65	13	28	13
	23	39	37	5	17	4
	設置済み	設置済み	設置済み	未設置	設置済み	設置済み
	委嘱済み	委嘱済み	委嘱済み	未委嘱	委嘱済み	未委嘱
	子犬、負傷犬の「致死方法」は獣医師が麻酔薬注射		負傷犬の「致死方法」は獣医師が麻酔薬注射	「引き取り手数料」は10年7月から有料。子犬、負傷犬の「致死方法」は獣医師が麻酔薬注射	子犬、老齢犬の「致死方法」は麻酔薬注射	子犬の「致死方法」は獣医師が麻酔薬注射

	島根県	岡山県	広島県	山口県	徳島県	香川県
①	908	1,121	2,619*	1,943	2,420	2,273
②	343	177	166*	226	332	112
③	557	951	2,453*	1,717	2,088	2,161
④	38%	16%	6%*	12%	14%	5%
⑤	廃止	実施	実施	廃止	元々未実施	廃止
⑥	獣医師	委託業者	獣医師、委託業者	獣医師、一般職員	獣医師	獣医師
⑦	有料	有料	無料	有料	有料	有料
⑧	○	×	○	○	○	○
⑨	○	×	○	×	○	○
⑩	○	○	×	○	×	×
⑪	7日	5日以上	5～30日	1～7日以上	7日	4日
⑫	○	○	×	×	○	×
⑬	○	○	○	○	○	○
⑭	○	○	○	×	○	×
⑮	飼い主に指導	飼い主に指導	飼い主に指導	飼い主に指導	飼い主に指導	飼い主に指導
⑯	毎週火・水・金	週1、2回	毎週月・水・金	平日毎日	平日毎日	毎週火・金
⑰	殺処分機への二酸化炭素ガス注入	殺処分機への二酸化炭素ガス注入	殺処分機への二酸化炭素ガス注入	殺処分機への二酸化炭素ガス注入	殺処分機への二酸化炭素ガス注入	殺処分機への二酸化炭素ガス注入
⑱	無回答／無回答	○／△	○／△	△／△	○／△	△／△
⑲	無し	17年度までに殺処分率90％以下	17年度までに06年度比半減	17年度までに半減	17年度までに600匹に削減	無し
⑳	13／不明	159／4872	4／2122	79／5799	6／2000	24／2900
㉑	年1回、苦情時	3年に1回	2年に1回、苦情時	年1回、苦情時	苦情時	年1回、苦情時
㉒	50	22	22	81	20	23
㉓	23	7	10	38	17	12
㉔	設置済み	設置済み	設置済み	未設置	設置済み	設置済み
㉕	未委嘱	委嘱済み	未委嘱*	未委嘱*	委嘱済み	委嘱済み
㉖			「引き取り数」「返還・譲渡数」「殺処分数」「返還譲渡率」は08年度実績。「動物愛護推進員」は10年6月に委嘱予定	「動物愛護推進員」は10年度中に委嘱予定		

	愛媛県	高知県	福岡県	佐賀県	長崎県	熊本県
	1,909	1,319	2,808	1,220	2,627	3,889
	199	339	599	296	362	862
	1,799	980	2,209	924	2,265	3,008
	10%	26%	21%	24%	14%	22%
	元々未実施	実施	元々未実施	廃止	廃止	廃止
	一般職員	獣医師、一般職員、委託業者	獣医師、一般職員	獣医師、一般職員	獣医師、一般職員	獣医師
	有料	無料	有料	有料	有料	有料
	×	○	×	○	×	○
	×	×	○	○	○	○
	×	○	○	×	×	○
	5日	2～7日以上	7日以上	1～7日以上	3～30日	3～12日
	○	○	○	○	○	○
	○	○	○	○	○	○
	×	×	○	○	○	×
	飼い主に指導	飼い主に指導	実施、飼い主に指導	飼い主に指導	飼い主に指導	飼い主に指導
	毎週火・木	週2回	週2、3回	毎週金	週1回	週2回
	殺処分機への二酸化炭素ガス注入	殺処分機への二酸化炭素ガス注入	殺処分機への二酸化炭素ガス注入	殺処分機への二酸化炭素ガス注入	殺処分機への二酸化炭素ガス注入	殺処分機への二酸化炭素ガス注入
	○／○	△／×	○／×	○／×	△／△	△／×
	無し	17年度までに07年度比半減	17年度までに半減	17年度までに半減	無し	17年度までに06年度比半減
	23／4375	3／2915	154／8200	11／3000	9／1998	9／6300
	年約200件*、苦情時	5年に1回、苦情時	年1回	随時	苦情時	定期調査、苦情時
	9	53	15	25	28	24
	6	14	15	13	28	23
	未設置	設置済み	設置済み	未設置*	未設置	設置済み
	委嘱済み	委嘱済み	委嘱済み	未委嘱*	未委嘱	未委嘱*
	「各動物取扱業者への立入調査頻度」は09年度実績			「動物愛護推進協議会」「動物愛護推進員」は10年度中に設置、委嘱予定		「動物愛護推進員」は委嘱手続き中

	大分県	宮崎県	鹿児島県	沖縄県
①	1,702	2,150	2,794	5,625*
②	499	818	491	762*
③	1,203	1,313	2,300	4,848*
④	29%	38%	18%	14%*
⑤	元々未実施	廃止	廃止	元々未実施
⑥	獣医師、一般職員	獣医師	獣医師、委託業者	獣医師
⑦	有料	有料	有料	有料
⑧	○	○	×	○
⑨	×	×	×	○
⑩	○	×	○	×
⑪	3～7日以上	7日	動物ごとに判断	1～6日
⑫	○	○	×	○
⑬	○	○	○	○
⑭	×	○	×	○
⑮	飼い主に指導	飼い主に指導	飼い主に指導	実施、飼い主に指導
⑯	毎週木・金	週1回	週2回	平日毎日
⑰	殺処分機への二酸化炭素ガス注入	殺処分機への二酸化炭素ガス注入	殺処分機への二酸化炭素ガス注入	殺処分機への二酸化炭素ガス注入*
⑱	○／△	△／×	○／△	○／×
⑲	17年度までに06年度比半減	無し	17年度までに06年度比半減	18年度までに半減
⑳	37／990	6／2000	1／250	2／900
㉑	218施設中94施設*	年1回、苦情時	年2回以上	苦情時
㉒	15	30	52	14
㉓	15	15	28	14
㉔	設置済み	設置済み	設置済み	未設置*
㉕	委嘱済み	委嘱済み	委嘱済み	未委嘱*
㉖	「各動物取扱業者への立入調査頻度」は09年度実績			「引き取り数」「返還・譲渡数」「殺処分数」「返還・譲渡率」は08年度実績。危険な大型犬、負傷犬の「致死方法」は獣医師が麻酔薬注射。「動物愛護推進協議会」「動物愛護推進員」は10年度中に設置、委嘱予定

	札幌市	
①	624	
②	491	
③	133	
④	79%	
⑤	実施	
⑥	獣医師、一般職員	
⑦	無料	
⑧	×	
⑨	○	
⑩	×	
⑪	6日以上	
⑫	○	
⑬	○	
⑭	○	
⑮	飼い主に指導	
⑯	施設の状況に応じて	
⑰	殺処分機への二酸化炭素ガス注入*	
⑱	○／△	
⑲	17年度までに06年度比半減	
⑳	1／4000	
㉑	苦情時	
㉒	28	
㉓	6	
㉔	未設置	
㉕	未委嘱	
㉖	老齢犬、病犬の「致死方法」は獣医師が麻酔薬注射	

	函館市	旭川市	青森市	盛岡市	仙台市	秋田市
	203	138	162	78	333	131
	132	78	79	64	279	40
	71	60	83	18	45	88
	65%	57%	49%	82%	84%	31%
	元々未実施	元々未実施	元々未実施	廃止	元々未実施	元々未実施
	獣医師、一般職員	一般職員	獣医師	一般職員	獣医師、一般職員	獣医師、一般職員
	無料	無料	有料	有料	有料	有料
	○	×	×	○	○	×
	×	○	×	○	○	×
	×	○	×	○	×	×
	10日	1～3日	7日	1～4日以上	3～7日以上	1～5日
	○	○	○	○	○	○
	○	○	—*	○	○	○
	○	○	—*	○	○	×
	飼い主に指導	飼い主に指導	—*	飼い主に指導	飼い主に指導	飼い主に指導
	動物の状況に応じて	毎週金	青森県に委託	毎週金	毎週金	秋田県に委託
	殺処分機への二酸化炭素ガス注入	麻酔薬注射後、筋弛緩剤注射	青森県に委託	獣医師が麻酔薬を注射	殺処分機への二酸化炭素ガス注入	秋田県に委託
	△／×	△／×	無回答／―	△／×	△／×	×／―
	17年度までに半減	17年度までに06年度比半減	無し	前年度より減少	無し	14年度までに30％減
	1／200	3／320	無回答	2／不明	18／1500	19／251
	事務を所管せず	事務を所管せず	事務を所管せず	2年に1回、苦情時	年1回以上、苦情時	事務を所管せず
	9	特に定めていない	7	5	17	5
	2	特に定めていない	2	2	6	2
	未設置	未設置	未設置	未設置	未設置	無回答
	未委嘱	未委嘱	未委嘱	未委嘱	未委嘱	無回答
			「成犬譲渡」「愛護団体などへの団体譲渡」「新たな飼い主などへ犬を譲渡する際の不妊手術」は青森県に委託			

	郡山市	いわき市	宇都宮市	前橋市	さいたま市	川越市
①	411	300	310	504	328	120
②	211	112	134	166	186	59
③	200	188	176	304	142	60
④	51%	37%	43%	33%	57%	49%
⑤	元々未実施	元々未実施	元々未実施	元々未実施	元々未実施	元々未実施
⑥	獣医師、一般職員	獣医師、一般職員	獣医師、一般職員	獣医師、一般職員	獣医師、一般職員	獣医師、一般職員
⑦	有料	有料	有料	有料	有料	有料
⑧	○	○	×	×	○	×
⑨	○	○	○	×	○	×
⑩	×	×	×	○	×	×
⑪	0～3カ月	2～7日以上	1～4日	0～13日	6日	1～4日以上
⑫	○	○	○	○	○	○
⑬	○	○	○	○	○	○
⑭	×	×	×	○	○	×
⑮	飼い主に指導	飼い主に指導	飼い主に指導	飼い主に指導	飼い主に指導	飼い主に指導
⑯	福島県に委託	毎週金	栃木県に委託	毎週火に群馬県に委託	毎週水・土	埼玉県に委託
⑰	福島県に委託	殺処分機への二酸化炭素ガス注入*	栃木県に委託	群馬県に委託	獣医師が麻酔薬注射*	埼玉県に委託
⑱	○／―	△／×	×／―	△／―	×／×	△／―
⑲	将来的にゼロ	無し	無し	無回答	17年度までに半減	17年度までに半減
⑳	4／500	5／106	6／15000	1／12000	1／750	1／不明
㉑	年1回、苦情時	年1、2回、苦情時	無回答	199施設中35施設*	定期調査、苦情時*	苦情時
㉒	6	8	8	7	18	8
㉓	3	4	5	2	7	3
㉔	未設置	未設置	設置済み	未設置	設置済み	未設置
㉕	未委嘱	未委嘱	委嘱済み	未委嘱	委嘱済み	未委嘱
㉖		負傷犬の「致死方法」は麻酔薬注射の場合もある		「各動物取扱業者への立入調査頻度」は09年度実績	危険な大型犬などの「致死方法」は殺処分機への二酸化炭素ガス注入。「各動物取扱業者への立入調査頻度」で定期調査とあるのは優先順位をつけて実施	

	千葉市	船橋市	柏市	横浜市	川崎市	相模原市
	376	142	124	389	177	196
	295	91	75	285	125	150
	62	48	54	104	62	45
	78%	64%	60%	73%	71%	77%
	元々未実施	元々未実施	実施	元々未実施	元々未実施	元々未実施
	獣医師	獣医師	獣医師	一般職員	獣医師	獣医師
	有料	有料	有料	有料	有料	有料
	×	○	×	○	○	○
	○	○	×	○	×	○
	×	×	×	×	×	×
	1～5日以上	0～5日以上	0～10日以上	7日以上	5日	—*
	○	○	○	○	○	○
	○	○	○	○	○	—*
	○	×	○	×	○	—*
	飼い主に指導	飼い主に指導	飼い主に指導	実施	飼い主に指導	—*
	毎週水	動物の状況に応じて	施設の状況に応じて千葉県に委託	月1回	動物の状況に応じて	神奈川県に委託
	殺処分機への二酸化炭素ガス注入*	獣医師が麻酔薬を注射後、筋弛緩剤を注射	千葉県に委託	獣医師が麻酔薬注射*	殺処分機への二酸化炭素ガス注入	神奈川県に委託
	○／×	○／×	無回答／—	×／×	△／×	—*／—
	無し	無し	無し	17年度までに06年度比半減	06年度から10年で半減	17年度までに半減
	14／1381	8／2136	1／5000	37／2284	1／2500	無し
	2～3年に1回、苦情時	年1回、苦情時	無回答	定期監視、苦情時	年1回、苦情時	年1回、苦情時
	11	7	4	211	64	15
	6	4	4	34	49	8
	未設置	未設置	未設置	設置済み	未設置	未設置
	未委嘱	未委嘱	未委嘱	委嘱済み	未委嘱	未委嘱
	老齢犬、負傷犬の「致死方法」は獣医師が麻酔薬注射			かみ癖がある犬などの「致死方法」は殺処分機への二酸化炭素ガス注入		「引き取った犬の保管期間」「成犬譲渡」「愛護団体などへの団体譲渡」「新たな飼い主などへ犬を譲渡する際の不妊手術」「保管施設の公開」は神奈川県に委託

	横須賀市	新潟市	富山市	金沢市	長野市	岐阜市	
①	104	270	93	90	231	254	
②	73	234	43	69	193	190	
③	30	36	52	22	38	65	
④	70%	87%	46%	77%	84%	75%	
⑤	元々未実施	元々未実施	元々未実施	元々未実施	元々未実施	元々未実施	
⑥	獣医師、一般職員	獣医師、一般職員	獣医師	獣医師	一般職員	獣医師	
⑦	有料	有料	有料	有料	有料	無料	
⑧	×	×	○	○	○	×	
⑨	○	○	○	○	○	○	
⑩	×	×	×	×	○	×	
⑪	4～10日以上	14日以上	0～7日	3日～1カ月	2～6日以上	8日以上	
⑫	○	○	×	○	○	○	
⑬	○	○	○	○	○	○	
⑭	×	×	×	×	○	○	
⑮	飼い主に指導	飼い主に指導	飼い主に指導	飼い主に指導	飼い主に指導	飼い主に指導	
⑯	動物の状況に応じて	毎週木	富山県に委託	施設の状況に応じて	長野県に委託	施設の状況に応じて	
⑰	獣医師が麻酔薬注射後、殺処分機への二酸化炭素ガス注入	殺処分機への二酸化炭素ガス注入	富山県に委託	殺処分機への二酸化炭素ガス注入	長野県に委託	殺処分機への二酸化炭素ガス注入	
⑱	△／×	○／×	○／—	△／△	○／—	○／×	
⑲	16年度までに06年度比半減	08年度から10年で半減、最終的にゼロ	無し	18年度までに半減	無し	17年度までに殺処分率50%以下	
⑳	9／16095	1／2000	無回答	4／152	15／289	14／317	
㉑	苦情時	年1回、苦情時	苦情時	年1回、苦情時	無回答	年1回、苦情時	
㉒	8	8	3	7	5	6	
㉓	5	3	3	3	3	3	
㉔	無回答	設置済み	未設置	未設置	未設置	未設置	
㉕	無回答	委嘱済み	未委嘱	未委嘱	委嘱済み	委嘱済み	
㉖							

	静岡市	浜松市	名古屋市	豊橋市	岡崎市	豊田市
	224	471	756*	269	239	215
	151	335	453*	89	159	105
	64	136	291*	180	63	111
	67%	71%	60%*	33%	67%	49%
	元々未実施	元々未実施	元々未実施	元々未実施	元々未実施	元々未実施
	獣医師、一般職員	獣医師、一般職員	一般職員	一般職員	獣医師、一般職員	獣医師、一般職員
	有料	有料	無料	無料	無料	無料
	×	×	○	×	×	○
	○	○	○	○	○	○
	×	×	×	×	×	×
	1～10日以上	7日	1～7日	0～7日	3～7日	0～3日
	○	○	×	×	×	○
	○	○	○	×	○	○
	○	○	×	×	○	○
	飼い主に指導	飼い主に指導	飼い主に指導	特に無し	一部実施、飼い主に指導	飼い主に指導
	毎週金	静岡県に委託	毎週月・火・水・木・金・土	愛知県に委託	愛知県に委託	愛知県に委託
	殺処分機への二酸化炭素ガス注入*	静岡県に委託	殺処分機への二酸化炭素ガス注入*	愛知県に委託	愛知県に委託	愛知県に委託
	×／×	△／—	△／×	—／—	○／—	○／—
	17年度までに半減	無し	17年度までに06年度比半減*	無し	無し	17年度までに06年度比半減
	1／1000	無回答	3／26000	6／684	83／不明	1／300
	2年に1回、苦情時	苦情時	年1回、苦情時	事務を所管せず	随時	事務を所管せず
	14	9	80	6	10	4
	5	6	40	1	3	2
	未設置	未設置	未設置	未設置	未設置	未設置
	無回答	未委嘱	未委嘱	未委嘱	未委嘱	未委嘱
	老齢犬や処分数が少ない場合「致死方法」は獣医師が麻酔薬注射		「引き取り数」「返還・譲渡数」「殺処分数」「返還・譲渡率」は08年度実績。「致死方法」は薬物注射の場合もある。「殺処分数の削減目標」には猫の数も含める			

	大津市	京都市	大阪市	堺市	高槻市	東大阪市
①	160	217	550	252	103	103
②	75	84	231	118	31	16
③	81	128	319	142	70	85
④	47%	39%	42%	47%	30%	16%
⑤	元々未実施	元々未実施	元々未実施	元々未実施	元々未実施	元々未実施
⑥	獣医師、一般職員	一般職員	一般職員	獣医師、一般職員	獣医師	獣医師
⑦	有料	有料	有料	有料	有料	有料
⑧	○	○	×	×	×	○
⑨	○	×	×	×	×	×
⑩	×	○	×	○	×	×
⑪	1～7日以上	1～14日以上	1～4日以上	0～4日以上	1～3日以上	1～7日
⑫	○	×	×	○	×	×
⑬	○	○	○	○	—*	×
⑭	×	×*	○	×	—*	×
⑮	実施、飼い主に指導	飼い主に指導	飼い主に指導	飼い主に指導	—*	飼い主に指導
⑯	滋賀県に委託	動物の状況に応じて	不定期	毎週金	大阪府に委託	施設の状況に応じて
⑰	滋賀県に委託	獣医師が麻酔薬投与*	殺処分機への二酸化炭素ガス注入*	殺処分機への二酸化炭素ガス注入*	大阪府に委託	殺処分機への二酸化炭素ガス注入*
⑱	△／—	○／×	○／×	△／×	無回答／—	×／×
⑲	無し	18年度までに07年度比60％減	無し	無し	無し	無し
⑳	1／300	4／450	20／434	5／250	1／1500	2／不明
㉑	2年に1回、苦情時	苦情時	5年に1～3回、苦情時	苦情時	事務を所管せず	事務を所管せず
㉒	8	103	13	7	5	5
㉓	3	27	13	7	5	5
㉔	未設置	設置済み	設置済み	未設置	未設置	未設置
㉕	未委嘱	委嘱済み	委嘱済み	未委嘱	未委嘱	未委嘱
㉖		「愛護団体などへの団体譲渡」は現在試行中。「致死方法」は殺処分機への二酸化炭素ガス注入の場合もある	子犬、負傷犬、新設施設の犬の「致死方法」は薬剤投与	負傷犬、病犬の「致死方法」は獣医師が麻酔薬注射	「成犬譲渡」「愛護団体などへの団体譲渡」「新たな飼い主などへ犬を譲渡する際の不妊手術」は大阪府に委託	老齢犬、負傷犬、病犬の「致死方法」は獣医師が麻酔薬注射

	神戸市	姫路市	尼崎市	西宮市	奈良市	和歌山市
	384	232	122	34	160	225
	109	103	25	28	42	63
	462	129	97	21	115	166
	28%	44%	20%	82%	26%	28%
	元々未実施	元々未実施	元々未実施	元々未実施	元々未実施	元々未実施
	一般職員	獣医師	獣医師、一般職員	獣医師	獣医師、一般職員	獣医師、一般職員
	無料	有料	有料	有料	有料	有料
	×	○	○	○	○	×
	×	○	○	○	×	○
	×	×	×	×	○	×
	2～7日	3日	施設の状況に応じて	7日	1～14日以上	1～7日以上
	×	×	○	○	×	×
	○	○	○	○	○	○
	○	×	×	×	×	×
	飼い主に指導	飼い主に指導	飼い主に指導	飼い主に指導	飼い主に指導	飼い主に指導
	平日毎日	月2、3回	兵庫県に委託	動物の状況に応じて	毎週水・金	週1回
	殺処分機への二酸化炭素ガス注入*	殺処分機への二酸化炭素ガス注入	兵庫県に委託	獣医師が麻酔薬を注射*	殺処分機への二酸化炭素ガス注入	殺処分機への二酸化炭素ガス注入*
	×／×	△／×	△／―	○／△	○／△	×／×
	限りなくゼロに近づけていく	将来的にゼロ	兵庫県の計画に準じて削減に取り組む	将来的にゼロ	無し	将来的にゼロ
	29／不明	1／10000	無回答	1／650	不明／不明	2／不明
	年1回	年1回	年1回以上、苦情時	2年に1回、苦情時	年1回、苦情時	定期調査
	41	3	4	5	2	7
	17	3	3	4	2	3
	設置済み	未設置	未設置	未設置	未設置	無回答
	委嘱済み	委嘱済み	未委嘱	委嘱済み	未委嘱	無回答
	子犬、老齢犬、病犬の「致死方法」は薬剤注射			さわれない犬の「致死処分」は鎮静後、殺処分機への二酸化炭素ガス注入		「致死方法」は獣医師による麻酔薬注射の場合もある

	岡山市	倉敷市	広島市	福山市	下関市	高松市	
①	306	484	395	920*	478	674	
②	68	199	234	111*	174	52	
③	227	290	147	809*	278	622	
④	22%	41%	59%	12%*	36%	8%	
⑤	廃止	元々未実施	実施	実施	元々未実施	元々未実施	
⑥	獣医師、一般職員	獣医師	獣医師	獣医師、一般職員、委託業者	一般職員	獣医師	
⑦	有料	有料	無料	無料	無料	有料	
⑧	×	×	×	×	○	×	
⑨	○	×	○	○	○	×	
⑩	○	○	×	×	○	×	
⑪	10日	0～10日	動物ごとに判断	7日	0～3日	3～4日	
⑫	○	○	×	×	○	×	
⑬	○	○	○	○	○	×	
⑭	×	○	○	×	×	×	
⑮	飼い主に指導	飼い主に指導	飼い主に指導	飼い主に指導	飼い主に指導	飼い主に指導	
⑯	岡山県に委託	岡山県に委託	週1回	外部に委託	週1、2回	香川県に委託	
⑰	岡山県に委託	岡山県に委託	殺処分機への二酸化炭素ガス注入*	殺処分機への二酸化炭素ガス注入	殺処分機への吸入麻酔剤注入	香川県に委託	
⑱	△／—	△／—	△／×	△／—	○／無回答	—／—	
⑲	17年度までに10%以上減	17年度までに殺処分率90%以下*	17年度までに半減	18年度までに半減	無し	無し	
⑳	1／4500	1／不明	1／2545	1／1098	1／1027	13／2609	
㉑	苦情時	2年に1回、苦情時	苦情時	2年に1回、苦情時	苦情時	年1回、苦情時	
㉒	6	5	3	7	16	4	
㉓	3	4	3	4	4	4	
㉔	未設置	未設置	未設置	設置済み	設置済み	未設置	
㉕	未委嘱	未委嘱	未委嘱	未委嘱	委嘱済み	委嘱済み	
㉖		「殺処分数の削減目標」には猫の数も含める	負傷犬の「致死方法」は獣医師が麻酔薬注射	「引き取り数」「返還・譲渡数」「殺処分数」「返還・譲渡率」は08年度実績			

	松山市	高知市	北九州市	福岡市	久留米市	長崎市
	494	387	630	402	270	261
	151	131	297	252	166	184
	338	256	364	150	115	79
	31%	34%	47%	63%	61%	70%
	元々未実施	元々未実施	元々未実施	元々未実施	元々未実施	実施
	一般職員	獣医師、一般職員、委託業者	獣医師、一般職員、委託業者	獣医師、一般職員	獣医師、一般職員	獣医師
	有料	無料	有料	有料	有料	有料
	×	○	×	○	○	○
	×	×	×	○	○	○
	×	○	不明	○	○	×
	3～7日	2～7日以上	0～5日	6日	7日以上	動物ごとに判断
	○	○	○	○	○	○
	○	○	○	○	○	○
	×	×	○	○	○	○
	飼い主に指導	飼い主に指導	飼い主に指導	実施	飼い主に指導	飼い主に指導
	愛媛県に委託	週2回	保管期限が切れた時	毎週金	福岡県に委託	週1回
	愛媛県に委託	殺処分機への二酸化炭素ガス注入	殺処分機への二酸化炭素ガス注入	殺処分機への二酸化炭素ガス注入	福岡県に委託	殺処分機への二酸化炭素ガス注入
	—／—	△／×	○／×	○／△	○／—	○／△
	無し	17年度までに07年度比半減	17年度までに06年度比半減	18年度までに07年度比半減	17年度までに半減	18年度までに半減
	1／240	2／2765	35／11632	3／5650	4／1000	1／500
	業務を所管せず	5年に1回、苦情時	苦情時	1～5年に1回、苦情時	苦情時	事務を所管せず
	22	5	3	29	11	5
	8	2	3	8	5	2
	未設置	未設置	設置済み	設置済み	設置済み	未設置
	委嘱済み	未委嘱	委嘱済み	未委嘱	委嘱済み	未委嘱

	熊本市	大分市	宮崎市	鹿児島市
①	453	410	430	485
②	411	174	249	317
③	39	236	158	166
④	91%	42%	58%	65%
⑤	元々未実施	元々未実施	元々未実施	元々未実施
⑥	獣医師	一般職員	獣医師、一般職員	委託業者
⑦	有料	有料	有料	無料
⑧	○	○	○	○
⑨	○	×	×	○
⑩	○	×	○	×
⑪	0～15日	4～14日*	0～7日	動物ごとに判断
⑫	○	○	○	○
⑬	○	○	○	○
⑭	○	×	○	○
⑮	飼い主に指導	飼い主に指導	飼い主に指導	飼い主に指導
⑯	施設の状況に応じて	毎週金	宮崎県に委託	動物の状況に応じて
⑰	獣医師が麻酔薬注射	殺処分機への二酸化炭素ガス注入	宮崎県に委託	殺処分機への二酸化炭素ガス注入
⑱	○／×	△／×	△／―	○／×
⑲	将来的にゼロ	06年度から10年で半減	無し	17年度までに06年度比半減*
⑳	11／2000	2／15000	2／1000	1／100
㉑	苦情時	苦情時	5年に1回、苦情時	苦情時
㉒	20	10	12	4
㉓	9	4	2	4
㉔	設置済み	未設置	未設置	未設置
㉕	委嘱済み	無回答	未委嘱	委嘱済み
㉖		飼い主が捨てに来た犬の「保管期間」は毎週金曜日まで		「殺処分数の削減目標」には猫の数も含める

太田匡彦（おおた・まさひこ）

1976年東京都生まれ。98年東京大学文学部卒業。2001年朝日新聞社入社。経済部記者として流通業界などを取材し、07年９月からアエラ編集部員。

犬《いぬ》を殺《ころ》すのは誰《だれ》か　ペット流通《りゅうつう》の闇《やみ》

2010年９月30日　第１刷発行

著　者　太田匡彦《おおたまさひこ》

発行者　島本脩二

発行所　朝日新聞出版
〒104-8011　東京都中央区築地５－３－２
電話　03-5541-8832（編集）
03-5540-7793（販売）

印刷製本　凸版印刷株式会社

Published in Japan by Asahi Shimbun Publications Inc.
ISBN978-4-02-250791-4

定価はカバーに表示してあります。
落丁・乱丁の場合は弊社業務部（電話03-5540-7800）へご連絡ください。
送料弊社負担にてお取り替えいたします。